Zu diesem Buch

Schienengebundene Verkehrssysteme sind sehr leistungsfähig und dabei, im Vergleich zu konkurrierenden Systemen, weitgehend umweltvertaglich. Grund genug, um die vorhandenen Systeme der technischen Entwicklung anzupassen und sinnvoll einzusetzen.

Der Bahnbau hatte in der jüngsten Vergangenheit einen beachtlichen Aufschwung zu verzeichnen Die Daten des derzeit gültigen Bundesverkehrswegeplans signalisieren Kontinuität auf hohem Niveau.

Verwaltungen, Planungsträger, Ingenieurbüros und die Bauwirtschaft befassen sich vermehrt mit Fragestellungen des Bahnbaus. Der Aufgabenbereich umfaßt im wesentlichen die Modernisıerung und Ergänzung der Schienennetze der bundeseigenen Bahnen, der Stadt-, U- und S-Bahnen sowıe die Planung und den Bau von Anschlußbahnen im Zuge von Industrıeansiedlungen Dieser Aufgabenbereich ist komplex und sehr umfangreıch.

Dieses Buch vermittelt ein Grundwissen Es wendet sich an Studenten des technischen Hochschulbereiches. Ihnen soll es eıne Ergänzung zu Vorlesungen und Übungen sein. Dem Praktıker kann es helfen, sich an dıe Lösung bahnspezifischer Aufgabenstellungen heranzuarbeiten.

Bahnbau

Von Dr.-Ing. Volker Matthews
Professor an der
Georg-Simon-Ohm-Fachhochschule Nürnberg

2., neubearbeitete und erweiterte Auflage
Mit 112 Bildern und 36 Tabellen

B. G. Teubner Stuttgart 1992

Prof. Dr.-Ing. Volker Matthews

Geboren 1945 in Bad Nenndorf. 1967 bis 1972 Studium des Bauingenieurwesens an der Universität Stuttgart. 1975 Promotion am Institut für Eisenbahn- und Verkehrswesen an der Universität Stuttgart. 1976 Große Staatsprüfung im Fachgebiet Eisenbahnwesen. Danach Tätigkeit bei der Deutschen Bundesbahn. Seit 1980 Professor an der Georg-Simon-Ohm-Fachhochschule Nürnberg.

Die Deutsche Bibliothek - CIP-Einheitsaufnahme

Matthews, Volker:
Bahnbau: mit 36 Tabellen / von Volker Matthews. - 2., neubearb. und erw. Aufl. - Stuttgart . Teubner, 1992
  (Teubner-Studienskripten ; 113)
  ISBN 978-3-519-10113-0   ISBN 978-3-322-91848-2 (eBook)
  DOI 10.1007/978-3-322-91848-2
NE· GT

Gesamtherstellung Druckhaus Beltz, Hemsbach/Bergstraße

Vorwort

Eine gut ausgebaute Infrastruktur ist Grundlage eines funktionsfähigen Gemeinwesens. Die Netze der Bahnen, im Fern- wie im Nahverkehr, sind wesentlicher Bestandteil der Infrastruktur.

Die Öffentlichkeit reagiert auf Planungen von Schienenwegen äußerst umweltsensibel. Dies gilt für Neu- und auch für Umbauten Neben technischen Planungsparametern sind deshalb Forderungen der Umweltvertraglichkeit strenge Vorgaben an den Planer.

Dieses Buch soll bauspezifische Grundlagen vermitteln. Daneben werden die Themen: Unterhaltung des Oberbaus, Signalbilder und Verkehrslärm angesprochen. Die behandelten Bahnen werden mittels Rad und Schiene getragen und geführt.

Bahnen können hinsichtlich der technischen Bauart, der Verkehrsform, der Eigentumsverhältnisse und der Betriebsweise unterschieden werden. Je nach Zuordnung sind unterschiedliche Gesetze und Verordnungen, in denen auch die Trassierungsparameter festgelegt sind, anzuwenden. Die Einteilung der Bahnen nach vorstehenden Kriterien und ihre Rechtsgrundlagen werden erläutert.

Die behandelten Themen, wie Lichtraumprofile, Linienfuhrung in Grund- und Aufriß, Unter- und Oberbau sowie Weichen und Kreuzungen beziehen sich vorwiegend auf normalspurige Bahnen, also auf die "klassische" Eisenbahn.

Die Planung von Bahnprojekten erfolgt weitgehend mit Unterstützung der EDV. Die manuelle Ausarbeitung konnte sie bisher nicht in allen Bereichen ersetzen. Soweit notwendig und möglich werden Hinweise zur Gestaltung von Planunterlagen gegeben.

Nürnberg, im Herbst 1992   Volker Matthews

1 Geschichte der Schienenbahnen

Als Bahnen kann man Verkehrsmittel bezeichnen, deren Transportgefäße durch Formschluß auf einer Fahrbahn geführt werden. Die Fahrbahn ist meistens aus Stahl gefertigt

Mit Bahnen werden Güter und Personen von einer Verkehrsquelle zu einem Verkehrsziel transportiert. Zwischen Quelle und Ziel ist ein Verkehrsstrom vorhanden. Bahnen haben hohe Kapazitäten/Querschnitt. Sie können große Verkehrsstrome wirtschaftlich bewaltigen. Eine mannigfache Verknupfung der Schienenwege führt zu einer Netzbildung. Je größer die Zahl der Quell- und Zielpunkte wird, um so geringer wird die Wahrscheinlichkeit, daß die Transporte über lange Wege gemeinsam geleitet werden können. Eine direkte Verbindung zwischen Verkehrsquelle und Verkehrsziel erscheint wünschens- wert, ist aber mit wachsender Anzahl der zu verknüpfenden Punkte weniger wahrscheinlich Damit wächst der Aufwand für den Betrieb des Netzes. Eine wirtschaftliche Bedienung schwacher Verkehrsnachfrage ist selbst bei opti- mierter Betriebsführung kaum zu erbringen.

Die Entwicklung des Fahrweges und der Fahrzeuge der Eisenbahn ist in Tabelle 1 dargestellt. Die Eisenbahngeschichte beinhaltet eine Fulle wichtiger und interessanter Daten. Hier können nur einige wenige erwähnt werden.

Die erste Eisenbahnstrecke auf deutschem Boden wurde am 07. Dezember 1835 zwischen Nürnberg und Fürth in Betrieb genommen. Bis 1840 waren etwa 500 km Schienenwege vorhanden, die von privaten Gesellschaften gebaut und betrieben wurden Die ersten Strecken waren direkte Quelle - Ziel - Verbindungen, sie hatten also keine Netzwirkung.

Die Idee eines Eisenbahnnetzes in Deutschland wurde bereits 1833 von Friedrich List veröffentlicht Die Investition in Eisenbahnstrecken war ein großer wirtschaftlicher Erfolg.

Entwicklung		Geschichtliche Ereignisse
des Fahrweges	der Fahrzeuge	
1630 Bohlenbahn mit Querhol-zern Später Bohlen mit eisernen Bändern be-schlagen.	1690 Erste Dampfmaschine von Papin.	1630-1635 Schwedischer Krieg
1767 Britischer Eisenfabri-kant verwendet in seinem Werk erstmals eiserne Schienen	1769 Dampfmaschine von J. Watt patentiert	1776 Gründung der USA
	1801 Erste Dampfkutsche	1789 Französiche Revolution
		1804-1815 Napoleon I
1776 Gußeiserne Schienenform von Curr	1803 Erstes Dampfma-schinenfahrzeug von Treventhick v = 8 km/h Schlepplast: 25,4 t	1807 Regelmäßiger Dampf-schiffverkehr auf dem Hudson
1789 Jessop entwickelt Schiene mit pilz-formigem Kopf.	1814 Stephenson baut erste brauchbare Lokomotive Schlepp-last. 45t	1829 Erfindung der Schiffs-schraube
1834 Breitfußschiene von Robert Stevens.		1834 Deutscher Zollverein
		1871 Grundung des Deutschen Reiches.
1850 Breitfußschiene allge-mein in Deutschland eingeführt.	1838 Bau der ersten deutschen Lokomotive	1892 Dieselmotor patentiert.

Tabelle 1: Entwicklung des Fahrweges und der Fahrzeuge

Das Eisenbahnnetz wuchs rasch

1835	6 km	1895	46 560 km
1845	2 300 km	1905	56980 km
1855	8 290 km	1915	62 410 km
1865	14 690 km	1985	27 784 km (DB)
1875	27 930 km	1991	27 078 km (DB)
1885	37 650 km		14 034 km (DR)

davon bei der DB ca. 12 050 km, bei der DR ca. 4 250 km elektrifiziert.

Im Bereich der DB gab es 1991 ca. 4 000 km nicht bundeseigene Bahnen, (NE-Bahnen) ca.9 400 Privatgleisanschlüsse und ca. 3 800 Mitbenutzer dieser Gleisanschlüsse. Etwa 1 500 Anschlußbahnen verfugten 1991 über eigene Einrichtungen zur Betriebsabwicklung.

1991 gab es im Bereich der DR ca. 4 500 Anschlußbahnen, uberwiegend Werks- und Industriebahnen mit eigenen Betriebsmitteln.

Privatbahnen waren über lange Zeit wirtschaftlich sehr erfolgreich. Durch Verstaatlichung gingen die meisten Privatbahnen in Staatsbahnen der Länder (Länderbahnen) über. 1920 wurden die Länderbahnen als Deutsche Reichsbahn zusammengefaßt und durch Staatsvertrag Eigentum des Deutschen Reiches. Seit 1949 besteht im Bereich der Bundesrepublik Deutschland die Deutsche Bundesbahn. Im Bereich der Deutschen Demokratischen Republik firmierte die Eisenbahn weiterhin als Deutsche Reichsbahn. In Zukunft werden die Bahnen als Aktiengesellschaften für Transport und Fahrweg organisiert werden. Eine zentrale Eisenbahnbehörde ist neu zu schaffen, die hoheitliche Aufgaben wahrzunehmen hat.

Nach 1945 dienten Investitionen in Baumaßnahmen der Bahn vorwiegend der Beseitigung von Kriegsschäden. Vor etwa zwanzig Jahren wurde im Bereich der DB mit dem Ausbau des vorhandenen Streckennetzes begonnen. Neubaustrecken wurden zur Ergänzung des vorhandenen Netzes und zur Beseitigung von Kapazitätsengpässen geplant. Inzwischen wurde der Betrieb auf den Neubaustrecken Hannover - Würzburg und Mannheim - Stuttgart aufgenommen.

Die bis zum Jahr 2010 vorgesehenen Investitionen in Verkehrswege sind im Bundesverkehrswegeplan enthalten. Ein großer Teil der Finanzmittel wird für den Ausbau des vorhandenen Schienennetzes und für den Neubau von Strecken vorgesehen.

2 Einteilung der Bahnen

Die Bahnen können hinsichtlich der technischen Bauart, der Verkehrsform, der Eigentumsverhältnisse und der Betriebsform unterschieden werden Gesetze und Verordnungen gelten i.a. nur für einen Teil der Bahnen, der durch Einteilungskriterien beschrieben werden kann (Bild 1).

Die bundeseigenen Eisenbahnen sind derzeit die Deutsche Bundesbahn (DB) und die Deutsche Reichsbahn (DR). Alle anderen Eisenbahnen werden als nicht bundeseigene Bahnen (NE-Bahnen) bezeichnet. Sie können Eigentum von juristischen oder natürlichen Personen sein.

Die Eisenbahnen werden entsprechend ihrer Bedeutung in Haupt- und Nebenbahnen unterschieden. In Abhängigkeit dieser Zuordnung ist auf den Strecken ein unterschiedlicher technischer Standard einzuhalten. Die Entscheidung, welche Strecken Haupt- oder Nebenbahnen sind, treffen für die Bundeseisenbahnen (DB, DR) deren Vorstände, für die NE-Bahnen die jeweils zuständige Landesbehörde (§ 1 EBO).

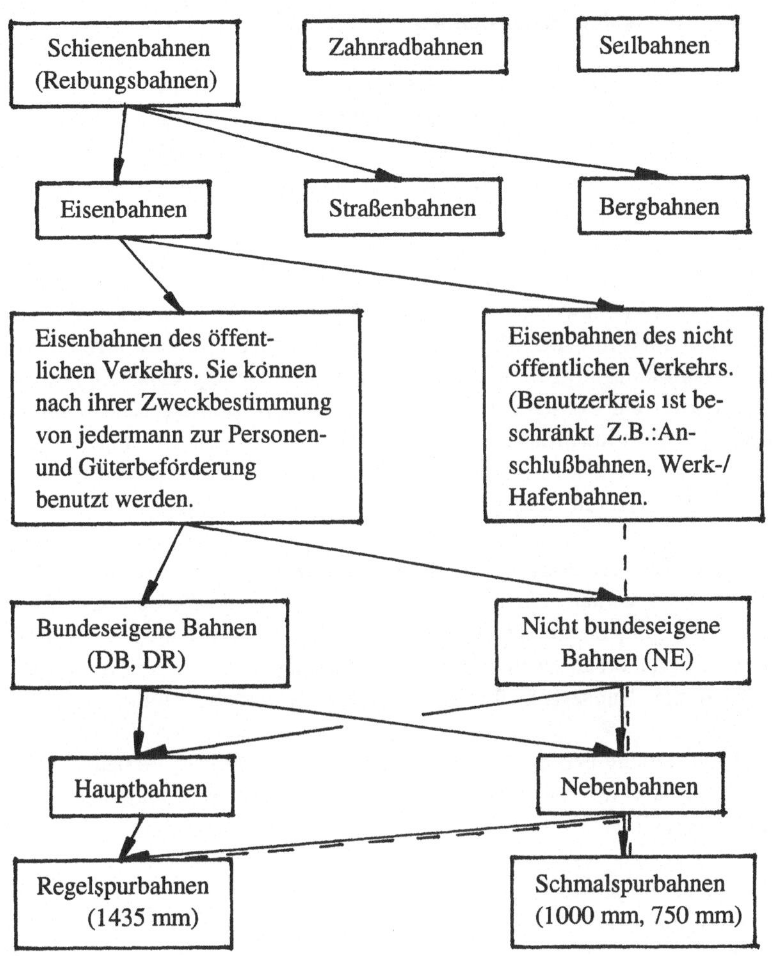

Bild 1: Einteilung der Bahnen

3 Rechtsgrundlagen

3.1 Rechtsgrundlagen der Bahnen

In der Bundesrepublik Deutschland werden Bau und Betrieb von Bahnen durch Gesetze und Verordnungen geregelt Die bundeseigenen Bahnen Deutsche Bundesbahn (DB) und Deutsche Reichsbahn (DR) sind derzeit Sondervermögen des Bundes. Seit geraumer Zeit wird eine Änderung der Rechts- und Organisationsform der bundeseigenen Bahnen angestrebt. Nach früheren Überlegungen sollte lediglich die Rechnungslegung neu gegliedert und nach Infrastruktur und Betrieb getrennt erfolgen. Die Infrastruktur sollte weiterhin im Verantwortungsbereich des Bundes bleiben, die Betriebsführung einer oder mehreren Betriebsgesellschaften übertragen werden. Derzeit wird die Organisationsform in Aktiengesellschaften bevorzugt diskutiert, die für Infrastruktur und Betrieb zuständig sein sollen. Um Bundeseisenbahnen, die nach aktueller Rechtslage als bundeseigene Verwaltungen mit eigenem Verwaltungsunterbau zu führen sind (s u.), in Gesellschaften des bürgerlichen Rechts zu überführen, bedarf es einer Grundgesetzänderung.

Rechtsrundlage der Bahnen ist das Grundgesetz (GG). Nach Artikel 73 Nr.6 hat der Bund die ausschließliche Gesetzgebung über die *Bundes*eisenbahnen. Diese sind gemäß Art. 87 GG in bundeseigener Verwaltung mit eigenem Verwaltungsunterbau zu führen. Diese Forderung wird mit der Organisation der Deutschen Bundesbahn und der Deutschen Reichsbahn erfüllt.

Die Rechtstellung und die Organisation, das staatsrechtliche Verhältnis sowie die Grundsätze der Wirtschaftsführung der DB sind im Bundesbahngesetz (BbG) geregelt.

Allgemeine Fragen der bundeseigenen und der nicht bundeseigenen Eisenbahnen werden durch das Allgemeine Eisenbahngesetz (AEG) bundesrechtlich geklärt.

Für Schienenbahnen, die nicht Bundeseisenbahnen sind - mit Ausnahme der Bergbahnen, die ausschließlich der Gesetzgebung der Bundesländer unterliegen - haben die Bundesländer nach Art. 74 Nr. 23 GG die Befugnis der konkurrierenden Gesetzgebung, solange und soweit der Bund von seinem Gesetzgebungsrecht keinen Gebrauch macht. Auf dieser Grundlage haben die Bundesländer Landeseisenbahngesetze (LEG) erlassen.

Straßenbahnen und die nach ihrer Bauart oder Betriebsweise ähnlichen Bahnen, Bergbahnen und sonstige Bahnen besonderer Bauart sind keine Eisenbahnen im Sinne des AEG. Vorschriften und Sonderbestimmungen fur Straßenbahnen sind im Personenbeförderungsgesetz (PbefG) aufgeführt.

Anforderungen an den Bau, die Ausrüstung und die Betriebsweise der Bahnen sind in Rechtsverordnungen ausgeführt. Für die DB werden die Verordnungen vom Bundesminister für Verkehr mit Zustimmung des Bundesrates erlassen. Es sind dies:

- Eisenbahn Bau- und Betriebsordnung (EBO)
- Eisenbahn Signalordnung (ESO)
- Eisenbahn Verkehrsordnung (EVO).

Die vorgenannten Verordnungen gelten gemäß Einigungsvertrag vom 03. Oktober 1990 mit bestimmten Maßgaben auch in den neuen Bundesländern, also auch für die Deutsche Reichsbahn.

Für NE - Bahnen haben die Bundesländer Verordnungen für ihren Zuständigkeitsbereich erlassen:

- Verordnung über den Bau und Betrieb von
  Anschlußbahnen (EBOA oder auch BOA).

Für Straßenbahnen hat der Bundesminister für Verkehr mit Zustimmung des Bundesrates die

- Bau- und Betriebsordnung für Straßenbahnen
  (BO Strab)

erlassen.

Die Inhalte der Rechtsverordnungen werden mit Hilfe von innerdienstlichen Vorschriften, Richtlinien, Empfehlungen und Merkblättern in die tagliche Praxis umgesetzt.

3.2 Baurechtliche Verfahren

Die rechtliche Sicherung städtebaulicher Planung erfolgt nach dem Bundesbaugesetz und wird als Bauleitplanung bezeichnet. Es handelt sich hier um ein zweistufiges Verfahren:

1. *Flächennutzungsplan* als vorbereitender Bauleitplan.
   Im Flächennutzungsplan wird für das ganze Gemeindegebiet die sich aus der beabsichtigten städtebaulichen Entwicklung ergebende Art der Bodennutzung nach den vorausschaubaren Bedürfnissen der Gemeinde dargestellt. Gegenüber dem Bürger besitzt der Flächennutzungsplan keine unmittelbare Rechtswirkung. Er kann als Behördenverfahren bezeichnet werden.

2. *Bebauungsplan* als verbindlicher Bauleitplan. In einer zweiten Planungsstufe werden die Inhalte des Flächennutzungsplans konkretisiert. Dieser Verfahrensschritt hat rechtliche Bindungswirkung gegenuber Jedermann. Die von einer Baumaßnahme Betroffenen haben bedingt Möglichkeiten der Mitwirkung Die einzelnen Baumaßnahmen sind im Rahmen der jeweils geltenden Bauordnung der Länder genehmigungspflichtig.

Verfahren zur rechtlichen Sicherung von Baumaßnahmen zur Erstellung oder Veränderung von Betriebsanlagen der Eisenbahnen können ebenfalls zweistufig sein.

1. *Raumordnungsverfahren.* Raumbedeutsame Maßnahmen, wie z.B.Ausbau- und Neubaustrecken oder Rangierbahnhöfe, sind in einem Verfahren gemäß der Landesplanungsgesetze der Bundesländer nach

raumordnerischen   Gesichtspunkten   zu   begutachten.   Das Raumordnungsverfahren ist ein reines Behordenverfahren

2. Die zweite Stufe, das *Planfeststellungsverfahren*, geht in ihrer rechtlichen Wirkung noch über die Bindungskraft eines Bebauungsplans hinaus. Die Planfeststellung ersetzt alle nach den Rechtsvorschriften notwendigen öffentlichen Genehmigungen, Verleihungen, Erlaubnisse und Zustimmungen Durch sie werden alle öffentlich-rechtlichen Beziehungen zwischen dem Verkehrsträger und den durch die Baumaßnahme Betroffenen rechtsgültig geregelt.

Soweit es sich jedoch nicht um Betriebsanlagen einer Bahn handelt, sind die für die Baugenehmigung gemäß Landesbauordnung benannten Behörden zuständig.

Das Planfeststellungsverfahren der Betriebsanlagen der Bahnen kann nach folgenden Gesetzen erfolgen

      - für bundeseigene Bahnen· § 36 Bundesbahngesetz,
      - für die NE-Bahnen: Landeseisenbahngesetze,
      - für die Straßenbahnen: § 28 ff Personenbeförderungsgesetz.

Darüber hinaus gibt es Planfeststellungen nach

      - Abfallbeseitigungsgesetz
      - Bundesfernstraßengesetz
      - Bundeswasserstraßengesetz
      - Flurbereinigungsgesetz
      - Luftverkehrsgesetz
      - Wasserhaushaltsgesetz

Der   verwaltungsmäßige   Ablauf   der   Planfeststellung   ist   im Verwaltungsverfahresgesetz (VwVfG) geregelt. Dieses Gesetz hat jedoch dann keine Gültigkeit, wenn in anderen Bundesgesetzes Regeln uber den Ablauf der Planfestellung enthalten sind. Fur den Ablauf der Planfeststellung bei Bahnen entsteht folgende Reihenfolge der Gesetze und Richtlinien:

1. Bundesbahngesetz
2. Verwaltungsverfahrensgesetz
3 Planfeststellungsrichtlinien.

Bei den Bahnen wird zwischen Planfeststellung *ohne* Anhörungsverfahren und Planfestestllung *mit* Anhorungsverfahren unterschieden. Eine Planfeststellung kann ohne Anhörung durchgeführt werden, wenn durch die Baumaßnahme weder öffentliche, noch Nachbarschaftsinteressen berührt werden. Dies ist in der Regel der Fall, wenn z B. in einem Bahnhof eine zusätzliche Weichenverbindung eingebaut wird.

Wird aber ein Haltepunkt zu einem Bahnhof ausgebaut, ist ein Planfeststellungsverfahren mit Anhorung durchzuführen. In der Vorbereitungsphase wird man klären, wessen Interessen durch die Baumaßnahme beruhrt werden. In diesem Stadium kann bereits sondiert werden, wie ein Interessenausgleich durchgeführt werden kann.

Beispiel:
Es wird der Bau eines dritten Gleises an einer vorhandenen Strecke geplant. Betroffene sind die Bewohner nehestehender Häuser. Deren Interesse wird sein, die Schallimmission so gering wie möglich zu halten. Grenzwerte sind in der Verkehrslärmschutzverordnung (16. BImSchV) enthalten. Interessenausgleich kann eventuell durch Bau einer Schallschutzwand oder durch Einbau von Schallschutzfenstern in den Gebäuden erreicht werden. Kann in der Vorphase eine Einigung erzielt werden, können die Maßnahmen in die Planfeststellungsunterlagen eingearbeitet werden.

Das Planfeststellungsverfahren wird durch die Einleitungsbehörde eingeleitet, die Planungsunterlagen werden der Anhorungsbehörde, in der Regel das zuständige Regierungspräsidium, übergeben. Meistens werden folgende Unterlagen verlangt:

- Erläuterungsbericht
- Übersichtsplan
- Lageplan
- Längenschnitt (Höhenplan)
- Querschnitte und Regelquerschnitt
- Entwurfspläne, auch Ansichtszeichnungen und Modelle
- Bauwerksverzeichnis und Grunderwerbsplan
- Unterlagen zur Regelung wasserwirtschaftlicher Belange
- evtl. Schallschutznachweis

Diese Unterlagen sind für einfache Bauvorhaben i.a ausreichend. Baumaßnahme von weitreichender Bedeutung, wie Neubaustrecken oder Rangierbahnhöfe erfordern in Einzelfällen wesentlich umfangreichere Unterlagen, die für den Nachweis der Umweltverträglichkeit gefordert werden.

Die Anhörungsbehörde reicht die Unterlagen an die zuständigen Gemeinden weiter. Dort können die Betroffenen Einsicht nehmen und Einwendungen vorbringen. Die Anhörungsbehörde fordert betroffene Behörden zur Stellungnahme auf. Einwendungen und Stellungnahmen reicht die Anhörungsbehörde an die Einleitungsbehörde zur Bearbeitung weiter. Nach angemessener Frist setzt die Anhörungsbehörde einen Erörterungstermin fest. Dort werden Einwendungen und Stellungnahmen mit den Betroffenen und Beteiligten mit dem Ziel der gütlichen Einigung besprochen. Soweit Einwendungen und Stellungnahmen berücksichtigt werden, ist die Planung entsprechend abzuändern. Mit der offiziellen Rückgabe der Planfeststellungsunterlagen einschließlich der Einwendungen und Stellungnahmen an die Einleitungsbehörde ist das Anhörungsverfahren beendet.

Die Einleitungsbehörde erläßt dann einen Planfeststellungsbescheid. Dieser wird öffentlich bekannt gemacht und denjenigen, die Einwendungen vorgebracht haben mit einer Rechtsbehelfsbelehrung zugestellt. Innerhalb vier Wochen nach Veröffentlichung des Planfeststellungsbeschlusses kann dieser durch Klage beim zuständigen Verwaltungsgericht angefochten werden Die Klage hat aufschiebende Wirkung. Bei öffentlichem Interesse kann aber sofortige Vollziehung des Planfeststellungsbeschlusses angeordnet werden, die aber wiederum angefochten werden kann.

Wird innerhalb der Klagefrist keine Klage erhoben, ist der Planfeststellungsbeschluß unanfechtbar. Mit der Baumaßnahme muß innerhalb von fünf Jahren begonnen werden. Danach tritt die Planfeststellung außer Kraft und ein neues Verfahren ist erforderlich. Dieses ist auch notwendig, wenn beim Bau von dem festgestellten Plan abgewichen wird.

Beispiel:

Eine Lagerhalle mit einem Gleisanschluß ist zu planen. Welche Genehmigungsverfahren sind erforderlich?

Voraussetzung: für das Baugebiet muß ein Bebauungsplan der Gemeinde, i.a. auf der Grundlage eines Flächennutzungsplanes, vorhanden sein. Der Planungsbereich muß für Industrieansiedlung ausgewiesen sein.

Die Hochbauten unterliegen der Genehmigungspflicht nach der Landesbauordnung. Der Gleisanschluß ist eine Betriebsanlage einer Anschlußbahn (NE-Bahn). Gemäß Landeseisenbahngesetz ist für diese Anlage ein Planfeststellungsverfahren erforderlich. Planfeststellungsbehörde ist die im Landesgesetz benannte Aufsichtsbehörde. Die Zuständigkeit kann der nachgeordneten Behörde übertragen werden.

4 Technische Grundlagen

4.1 Das Rad-Schiene-System

Um ein Fahrzeug kontrolliert bewegen zu können, mussen drei Komponenten beherrscht werden: -Tragen, - Fuhren sowie - Vortreiben und Verzögern

Diese Komponenten sind bei den Bahnen mit der ortsfesten Einrichtung Schiene und dem Radsatz, der als Verbindungselement zwischen Schiene und Beförderungsbehaltnis dient, vorhanden. Der Radsatz trägt, fuhrt und überträgt die Vortriebs- und Verzögerungskräfte. Zwischen Rad und Schiene besteht ein Formschluß. Dieser gewährleistet eine sichere Führung des Radsatzes in der Geraden und im Gleisbogen.

4.1.1 Spurweite

Schienen werden im Abstand der Spurweite verlegt. Die Spurweite ist der kleinste Abstand der Innenflächen der Schienenköpfe im Bereich von 0 bis 14 mm unter Schienenoberkante (SO). Das Grundmaß der Spurweite betragt:

-bei Regelspur 1435 mm (EBO,EBOA, BO Strab)
-bei Schmalspur 1000 mm und 750 mm(EBOA).

Sie darf die Grenzmaße der Tabelle 2 nicht unterschreiten:

Grundmaß	Mindestmaß	Größtmaß
1435 mm	1430 mm	1470 mm
1000 mm	995 mm	1025 mm
750 mm	745 mm	775 mm

Tabelle 2. Grenzmaße der Spurweite

Beim Bogenlauf in engen Radien dürfen keine Zwängungen (s. Kap. 4.1.2) auftreten. Aus diesem Grund wird die Spurweite der Regelspur in Bögen mit Halbmessern unter 175 m vergrößert. Sie darf die nachfolgenden Werte nicht unterschreiten.

Bogenhalbmesser	Spurweite
175 m bis 150 m	1435 mm
150 m bis 125 m	1440 mm
125 m bis 100 m	1445 mm

Tabelle 3: Spurerweiterung bei kleinen Bogenhalbmessern
der Regelspur

4.1.2 Räder und Radsätze

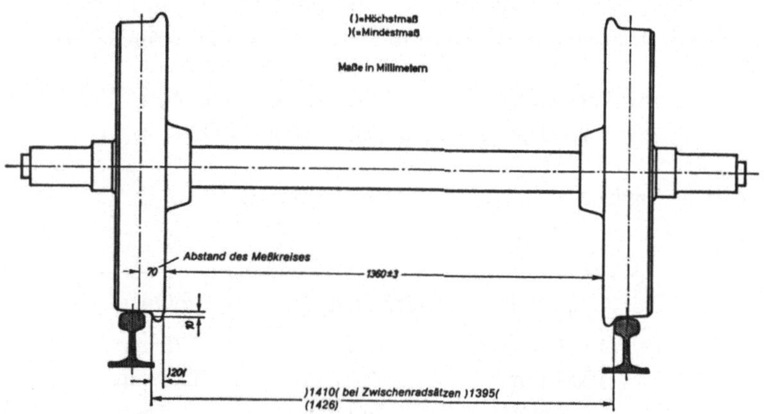

Bild 2: Radsatz gemäß EBO Anlage 5

Die Räder eines Radsatzes gemäß EBO müssen Spurkränze haben und sind mit der Achse fest verbunden. Bild 2 zeigt einen Radsatz für Regelspurbahnen nach Anlage 5 EBO. Die Radsatze für Schmalspurbahnen sind in den EBOA dargestellt.

Drehgestelle mit Einzelradaufhängung (Loseradlaufwerk) sind bereits entwickelt und befinden sich derzeit bei mehreren europäischen Bahnen in der Betriebserprobung. Gegenuber dem Radsatz nach EBO erhofft man sich vom Loseradlaufwerk einen geringeren Verschleiß an Rad und Schiene, besonders bei hohen Geschwindigkeiten.

Spurweite und Radsatzabmessungen müssen derart aufeinander abgestimmt sein, daß eine Betriebsgefährdung zuverlässig ausgeschlossen werden kann. Deshalb sind die in Tabelle 4 angegebenen Grenzmaße einzuhalten.

Bezeichnung	Meßkreisdurch-messer der Räder	Radsatz	
		Mindestmaß	Höchstmaß
Spurmaß	> 840	1 410	1 426
	840 bis 330	1 415	1 426
Abstand der inne-ren Stirnflächen	> 840	1 357	1 363
	840 bis 330	1 359	1 363
Radreifenbreite	$\geq$ 330	130	150
Spurkranzdicke	> 840	20	33
	840 bis 330	27,5	33
Spurkranzhöhe	> 760	26	36
	760 bis 330	32	38

Tabelle 4: Grenzmaße der Räder und Radsätze in mm (EBO, Anlage 6)

Die Differenz zwischen Spurweite und Abstand der Spurkranzflanken (Bild 4, Kap. 4.1.3) wird als Spurspiel bezeichnet.

Die Räder können als Vollrad oder als bereiftes Rad hergestellt werden. Der Radreifen ist Verschleißteil des bereiften Rades. Er wird nach Erhitzen auf den Radkörper aufgeschrumpft und durch einen Sprengring gesichert. Der Laufkreisdurchmesser soll in der Regel 840 mm nicht unterschreiten. Ausnahmen sind nach EBO zugelassen.

Bild 3 zeigt jeweils einen Querschnitt durch ein bereiftes
Rad (3.1) und durch ein Vollrad (3.2) gemäß Anlage 6 EBO.

( ) = Höchstmaß   ) (= Mindestmaß

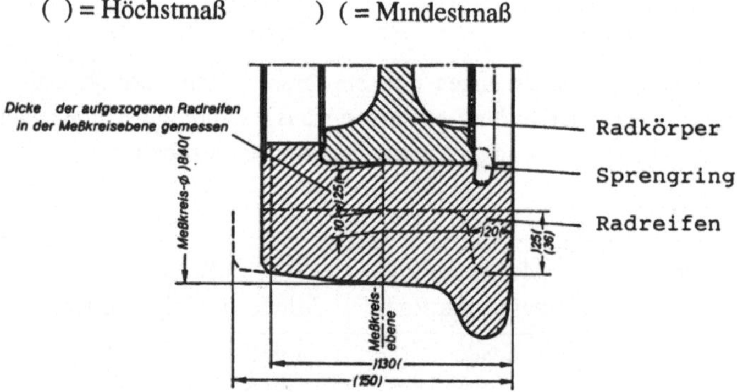

Bild 3.1 : Bereiftes Rad, Meßkreisdurchmesser > 840 mm (Maße s. Tabelle 4)

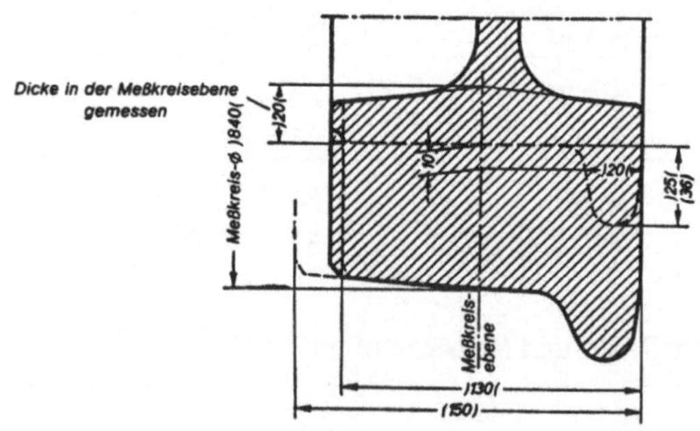

Bild 3.2 : Vollrad, Meßkreisdurchmesser > 840 mm (Maße s. Tabelle 4)

Die für das Tragen und Führen maßgeblichen Elemente des Rades und des
Schienenkopfes sind in Bild 4 benannt.

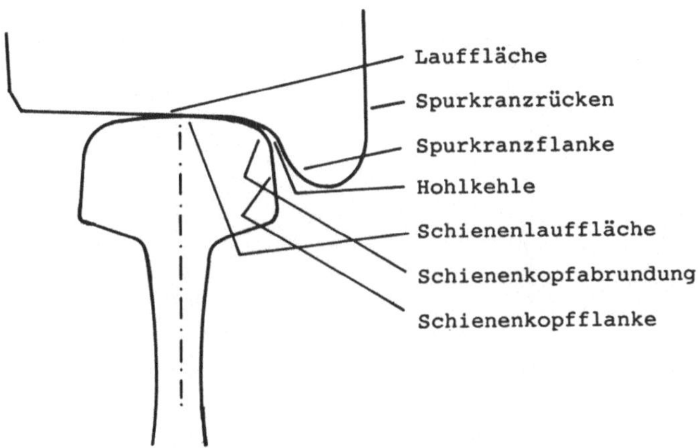

Bild 4: Tragen und Führen; Elemente von Rad und Schiene

Die Lauffläche des Radreifens ist als Kegelstumpf ausgebildet Sie ist in der
Regel 1.40 geneigt. Die Schienenachse ist im gleichen Verhältnis gegen die
Gleisachse geneigt. Diese Konstruktionsmerkmale führen in der Geraden zu
einem Sinuslauf des Radsatzes. Die Radsatzachse beschreibt in Abhängigkeit
des Weges eine Sinuskurve. Abszisse ist die Gleisachse. Die Amplitude ist mit
dem Spurspiel vorgegeben (Bild 5).

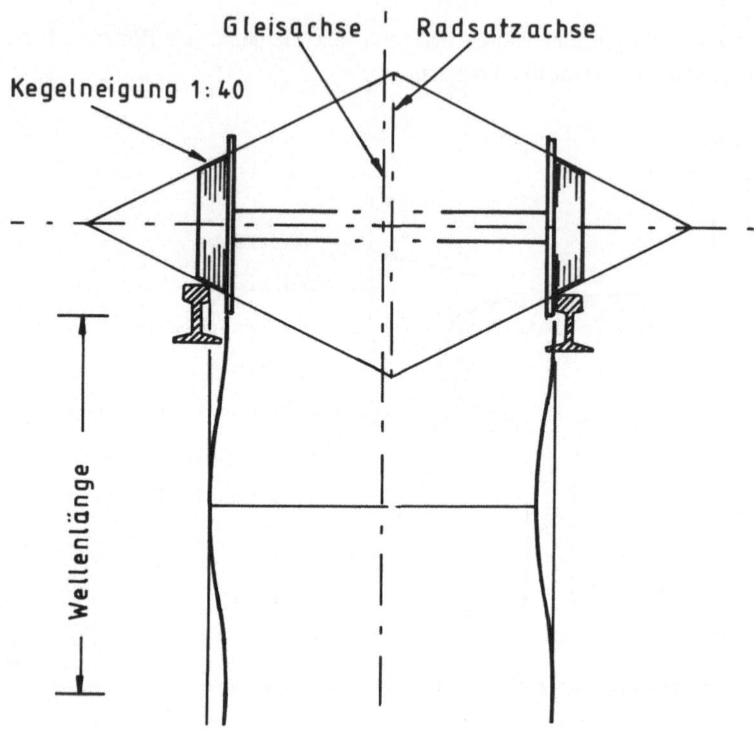

Bild 5. Spurspiel und Sinuslauf des Radsatzes

4.1.3 Entgleisungssicherheit

Der Radsatz berührt die Schiene im Aufstandspunkt A (Bild 6.2) Dort wird die Vertikalkraft F_G übertragen. Bei einer Richtungsänderung im Kreisbogen läuft der Spurkranz des bogenäußeren Rades im Punkt B unter dem Winkel α gegen den Schienenkopf (Bild 6.1). Dabei wirkt in B die Horizontalkraft F_H. Durch die Reibung zwischen Schienenkopf und Spurkranz ist im Punkt B auch eine Vertikalkraft $F_R = F_G \cdot \mu$ (Reibungsbeiwert μ)wirksam.

Wenn $F_R > F_G$ wird, dreht sich das Rad um Punkt B. Somit klettert der Spurkranz auf die Schiene. Der Radsatz kann entgleisen. Dieser Fall kann bei Spurverengungen oder unzulässig hoher Geschwindigkeit im Gleisbogen eintreten.

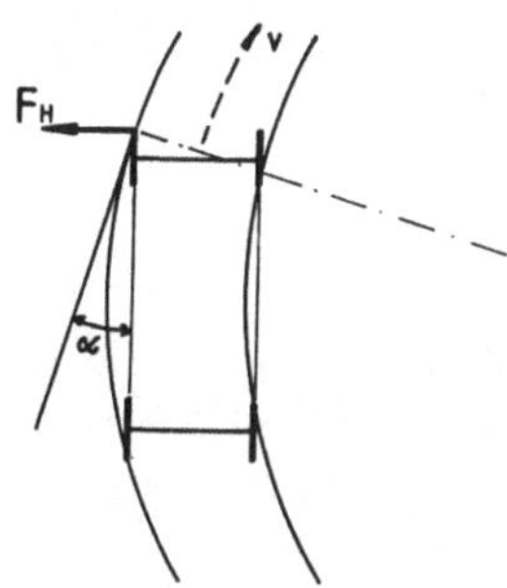

Bild 6.1: Radsatz im Bogen

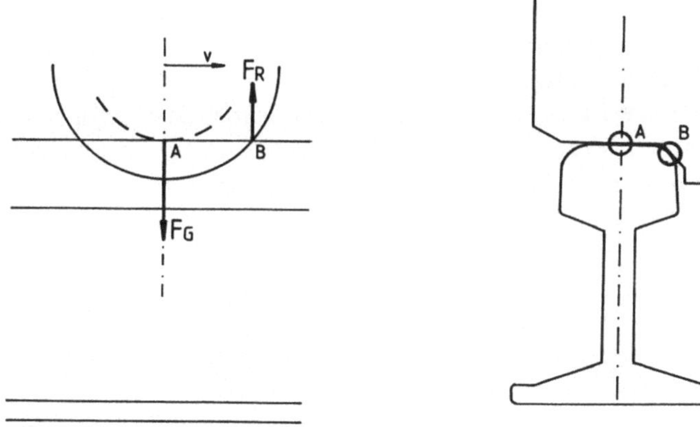

Bild 6.2: Kräfte beim Bogenlauf des Radsatzes

4.2 Fahrdynamik

Fahrdynamische Untersuchungen dienen dem wirtschaftlichen Einsatz der Zugförderungsmittel und der Fahrzeitermittlung.

Wenn Fahrzeuge bewegt werden sollen, muß die Zugkraft F_Z größer sein als die Summe der entgegengesetzt wirkenden Widerstände W.

4.2.1 Widerstände

Es kann zwischen gewichtsabhängigen und geschwindigkeitsabhängigen Widerständen unterschieden werden. Der auf das Zuggewicht bezogene Widerstand wird als spezifischer Widerstand bezeichnet:

$$w = W : G_{Zug}.$$

Wird das Zuggewicht als Gewichtskraft in kN angesetzt, dann ergibt sich die Dimension des spezifischen Widerstandes zu N / kN oder $^O/_{oo}$.

Gewichtsabhängige Widerstände:
- *Neigungswiderstand* w_S.
Die Komponente der Gewichtskraft, die als Hangabtrieb parallel zur geneigten Fahrbahn wirkt, wird als Neigungswiderstand bezeichnet. Im Gefälle wirkt diese Komponente beschleunigend. Der Neigungswiderstand beträgt:

$$w_S = G_{Zug} \cdot \sin \alpha$$

Dabei ist α der Neigungswinkel der Fahrbahn gegen die Horizontale Für kleine Winkel kann $\sin \alpha$ etwa = $\tan \alpha$ = s / 1000 gesetzt werden. Der spezifische Neigungswiderstand ist dann.

$$w_S = w_S / G_{Zug} = s \, [^O/_{oo}]$$

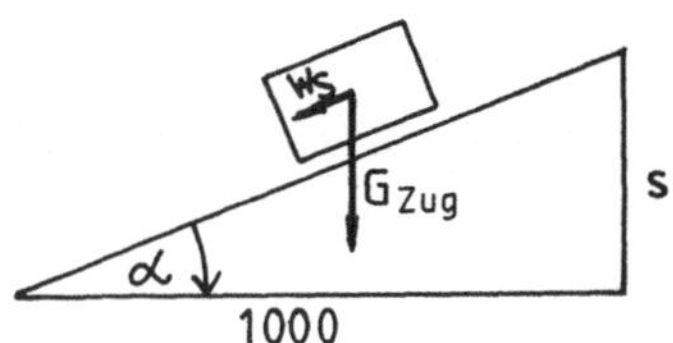

Bild 7. Neigungswiderstand

- Krümmungswiderstand (Bogenwiderstand)
Der Krümmungswiderstand entsteht durch Anlaufen des Rades an den Schienenkopf. Er wirkt der Bewegung entgegen. Nach Röckl ist:

$$w_k = 650 / (r-55) \ [^o/_{oo}] \quad \text{für } r \geq 300 \text{ m}$$

$$w_k = 500 / (r-30) \ [^o/_{oo}] \quad \text{für } r < 300 \text{ m.}$$

- Lagerreibungs- und Rollwiderstand w_c.
Lagerreibung entsteht in den Achslagern, Rollwiderstand entsteht durch die Rollreibung zwischen Rad und Schiene. w_c kann mit etwa 1,5 $^o/_{oo}$ angesetzt werden.

Geschwindigkeitsabhängige Widerstände:
- Luftwiderstand w_{Luft}.
Darunter versteht man die Luftwiderstände an Bug, Heck und Oberfläche des Zuges.

- Stoßwiderstand w_d
Der Stoßwiderstand entsteht durch die Seitenbewegungen der Radsätze.

- Beschleunigungswiderstand w_a
Widerstand aus Rotationsbewegung der Radsätze, Getriebe, Anker usw.

4.2.2 Antriebe

Die Zugkraft wird bei den Bahnen allgemein durch Reibung zwischen Rad und Schiene übertragen. Außerdem ist die Kraftübertragung mittels Zahnrad oder Seil möglich.

Die wirksame Zugkraft ist bei Reibungsbahnen vom Reibungskoeffizienten und vom Reibungsgewicht, das auf die angetriebenen Achsen wirkt, abhangig. Die EBO schreibt in §19 die Grenzen der Radsatzlasten für Hauptbahnen mit 18t und fur Nebenbahnen mit 16t vor.

Als Antriebsaggregate werden Elektro- und Verbrennungsmotoren in Form von elektrischen Lokomotiven/Triebwagen und Diesellokomotiven/ -triebwagen eingesetzt. Mit elektrischer Traktion werden mehr als 85% der Betriebsleistungen erbracht Die DB fährt mit Einphasenwechselstrom mit $16^2/_3$ Hz und 15 000 Volt. Stadt- und Straßenbahnen fahren i.a. mit Gleichstrom.

Die mögliche Anfahrbeschleunigung ist vom Gewicht des Zuges und von der Leistung der Lokomotive abhängig Sie liegt zwischen 0,1 m/s^2 bei schweren Güterzügen und 1,3 m/s^2 bei Stadtschnellbahnen.

5 Definition der Bahnanlagen

Bahnanlagen sind alle Grundstücke, Bauwerke und sonstige Einrichtungen einer Eisenbahn, die zur Abwicklung oder Sicherung des Reise- und Güterverkehrs auf der Schiene erforderlich sind. Dazu gehören auch Anlagen, die das Be- und Entladen sowie den Zu- und Abgang ermöglichen. Fahrzeuge gehören nicht dazu (§4 EBO). Es gibt Bahnanlagen der Bahnhöfe und der freien Strecke und sonstige Bahnanlagen. Als Grenze zwischen den Bahnhöfen und der freien Strecke gelten im allgemeinen die Einfahrsignale oder Trapeztafeln, sonst die Einfahrweichen.

Bahnhöfe sind Bahnanlagen mit mindestens einer Weiche, wo Züge beginnen, enden, ausweichen oder wenden dürfen.

Bahnanlagen der freien Strecke

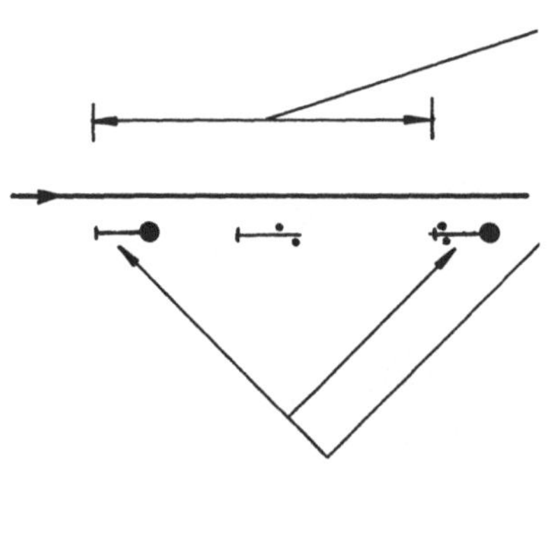

Blockstrecken sind Gleisabschnitte, in die ein Zug nur einfahren darf, wenn sie frei, von Fahrzeugen sind.

Blockstellen sind Bahnanlagen, die eine Blockstrecke begrenzen. Eine Blockstelle kann zugleich als Bahnhof, Abzweigstelle, Überleitstelle, Anschlußstelle, Haltepunkt, Haltestelle oder Deckungsstelle eingerichtet sein.

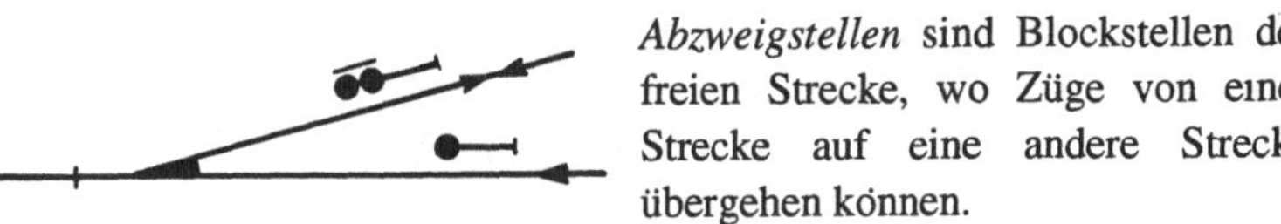

Abzweigstellen sind Blockstellen der freien Strecke, wo Züge von einer Strecke auf eine andere Strecke übergehen können.

Überleitstellen sind Blockstellen der freien Strecke, wo Züge auf ein anderes Gleis derselben Strecke übergehen können. Überleitstellen dienen dem

Gleiswechselbetrieb auf der freien Strecke. Durch ihre Anordnung werden bei Bauzustánden oder im Stórungsfall die eingleisig zu befahrenden Abschnitte kurz gehalten.

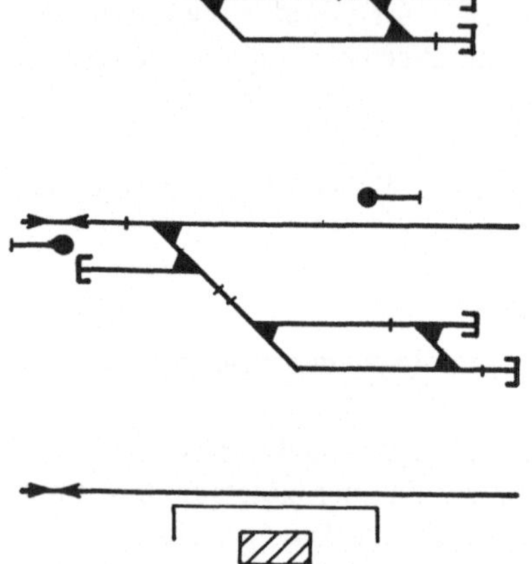

Anschlußstellen sind Bahnan lagen der freien Strecke, wo Züge ein angeschlossenes Gleis als Rangierfahrt befahren können, ohne daß die Blockstrecke für einen anderen Zug freigegeben wird.

Ausweichanschlußstellen sind Anschlußstellen, bei denen die Blockstrecke für einen anderen Zug freigegeben werden kann.

Haltepunkte sind Bahnanlagen ohne Weichen, wo Züge planmäßig halten, beginnen oder enden durfen.

Haltestellen sind Abzweigstellen oder Anschlußstellen, die mit einem Haltepunkt örtlich verbunden sind.

Deckunqsstellen sind Anlagen der freien Strecke, die den Bahnbetrieb insbesondere an beweglichen Brúcken, Kreuzungen von Bahnen, Gleisverschlingungen und Baustellen sichern.

Hauptgleise sind die von Zügen planmäßig befahrenen Gleise. Durchgehende Hauptgleise sind die Hauptgleise der freien Strecke und ihre Fortsetzung in den Bahnhofen. Alle übrigen Gleise sind **Nebengleise**.

Sonstige Bahnanlagen sind Anlagen der Energie- und Wasserversorgung für den Bahnbetrieb, Gleislager, Ausbesserungswerke und Einrichtungen zur Unterhaltung.

6 Lichtraumprofile

Das Lichtraumprofil ist ein wesentliches Element der Querschnittsgestaltung der Bahnen. Bauliche Anlagen dürfen nur in einem klar definierten Abstand zur Gleisachse erstellt werden, um den Durchgang der Fahrzeuge ohne Gefährdung oder Behinderung zu gewährleisten. Gleiches gilt für den Abstand zwischen Gleisachsen mehrgleisiger Strecken.

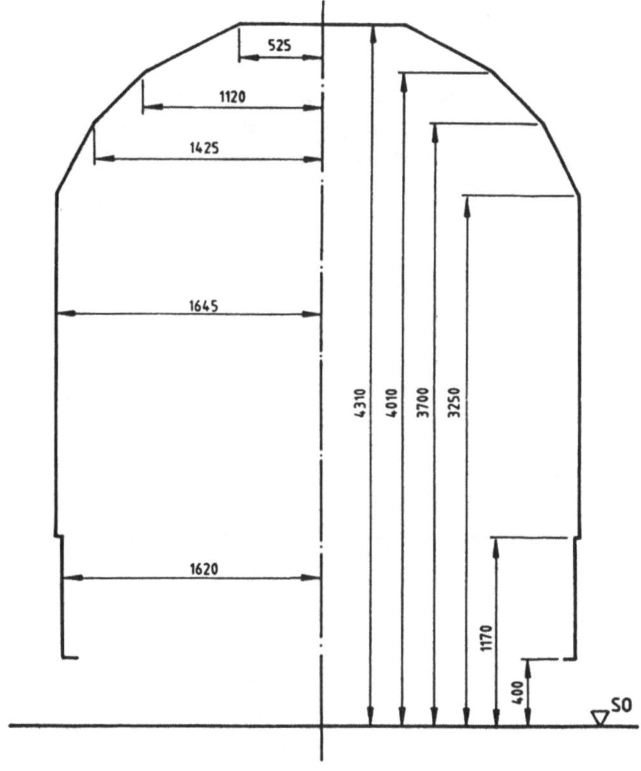

Bild 8: Bezugslinie G1 für Fahrzeuge, die auch im grenzüberschreitenden Verkehr eingesetzt werden. (Maße in mm)

1991 wurde ein verandertes Lichtraumprofil eingefuhrt. Das bis dahin geltende Lichtraumprofil beruhte auf einem in Mittelstellung im geraden Gleis stehenden Fahrzeug, dessen Bewegungsverhalten durch pauschale Zuschlage berücksichtigt wurde. Dem neuen Lichtraumprofil, das auch als kinamatisches Lichtraumprofil bezeichnet wird, liegen Berechnungsverfahren des kinematischen Verhaltens der Fahrzeuge nach den Merkblättern 505 der UIC zugrunde. Darin sind Bezugslinien der kinematischen Begrenzungslinie festgelegt, die breiter ist, als die zuvor in der EBO enthaltene Fahrzeugbegrenzung I.

Die Grenzlinie umschließt den Raum, den ein Fahrzeug unter Berücksichtigung der horizontalen und vertikalen Bewegung sowie der Gleislagetoleranzen und der Mindestabstände von der Oberleitung benötigt.

Für die Abmessungen der Fahrzeuge, die freizügig im grenzüberschreitenden Verkehr eingesetzt werden können, gilt Bezugslinie G1 (Bild 8), fur die Abmessungen der ubrigen Fahrzeuge Bezugslinie G2 (Bild 10).

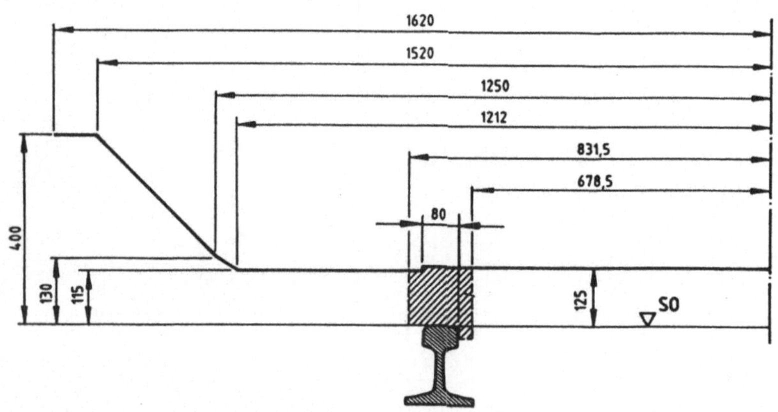

Bild 9: Bezugslinie fur die unteren Teile der Fahrzeuge

Bei dem unteren Teil der Begrenzungslinie werden Fördersysteme, die auf Rangierbahnhöfen eingesetzt werden, berücksichtigt (Bild 9) Bei besetzten Personenwagen ist ein geringerer Abstand über der Schienenoberkante erforderlich

In Anlage 9 der EBO sind Kriterien aufgeführt, nach denen Fahrzeugmaße eingeschränkt werden müssen, also innerhalb der hier besprochenen Bezugslinie liegen müssen.

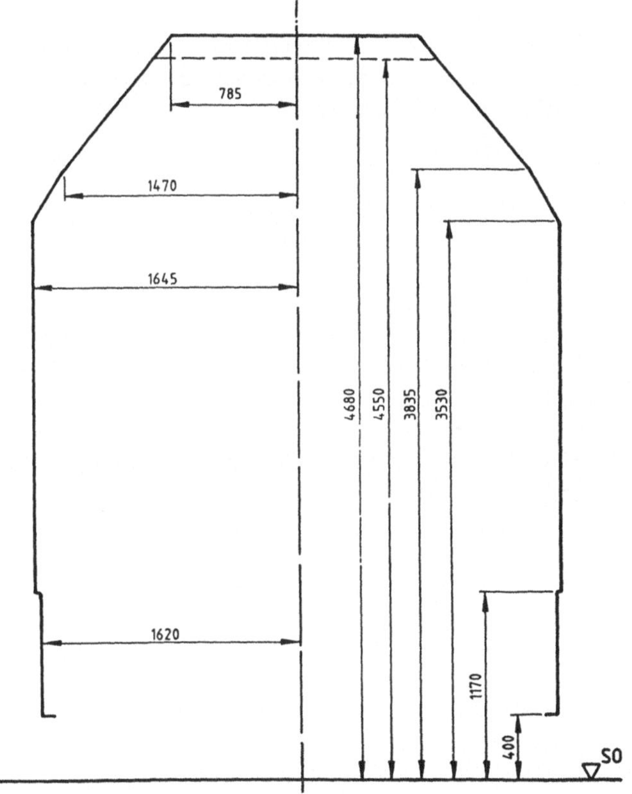

Bild 10: Bezugslinie G2 für Fahrzeuge, die nicht im grenzüberschreitenden Verkehr eingesetzt werden

6.1 Regellichtraum

6.1.1 Regellichtraum nach EBO

Der Regellichtraum setzt sich aus dem von der jeweiligen Grenzlinie umschlossenen Raum und zusätzlichen Räumen für bauliche und betriebliche Zwecke zusammen. Der Raum innerhalb der Grenzlinie ist grundsätzlich freizuhalten. In die Bereiche A und B dürfen unter folgenden Bedingungen feste Gegenstände hineinragen:

Bereich A: Wenn es der Bahnbetrieb erfordert, dürfen bauliche Anlagen, wie z.B. Bahnsteige, Rampen, Rangiereinrichtungen, Signalanlagen hineinragen. Wenn die erforderlichen Sicherheitsmaßnahmen getroffen werden, darf dieser Bereich auch während Bauarbeiten genutzt werden.

Bereich B: Hineinragungen sind im Zuge von Bauarbeiten zulässig, wenn die erforderlichen Sicherheitsmaßnahmen getroffen sind.

Bild 11 zeigt den Regellichtraum gem EBO Der in der linken Bildhälfte dargestellte Raum muß bei durchgehenden Hauptgleisen stets und bei anderen Hauptgleisen für Reisezüge freigehalten werden. Die rechte Bildhälfte gilt für alle übrigen Gleise.

Den in Bild 11 dargestellten Grenzlinien liegen die Bezugslinie G2, der Regelwert des Neigungskoeffizienten eines Fahrzeugs und folgende bautechnische Einflußgrößen zugrunde (Tabelle 5):

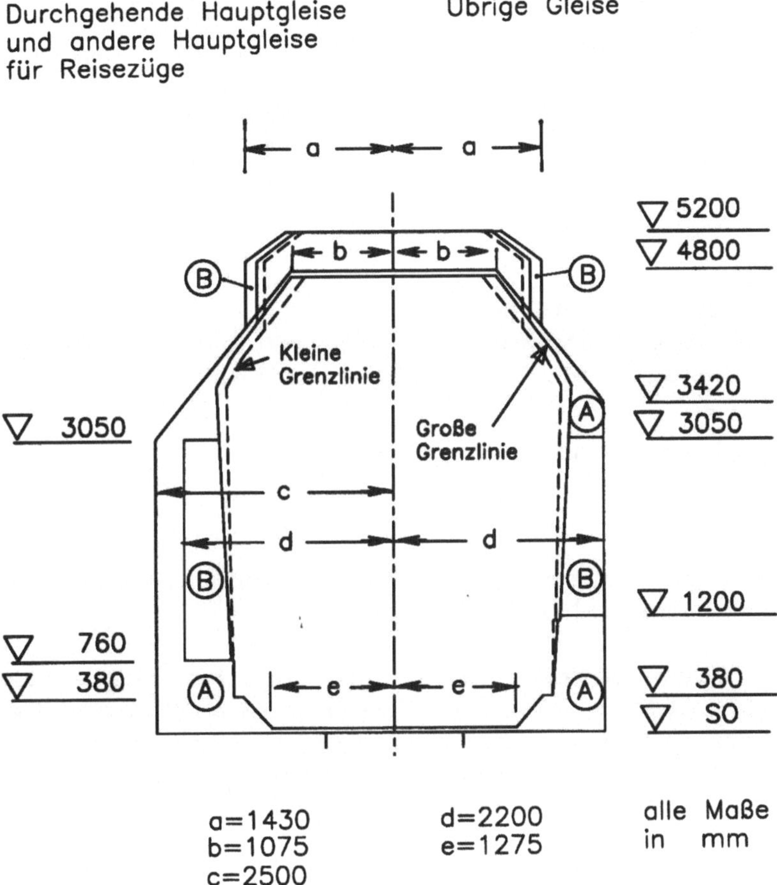

Bild 11: Regellichtraum gemäß EBO

Einflußgrößen	große	kleine
		Grenzlinie
Radius (r)	250 mm	unendl.
Überhöhung (u)	160 mm	50 mm
Überhöhungsfehlbetrag (u_f)	150 mm	50 mm
Spurweite	1470 mm	1445 mm
Ausrundungsradius (r_a)	2000 m	2000 m
Hebungsreserve	50 mm	50 mm
Schienenabnutzung	10 mm	10 mm
Bei Gleisen mit Oberleitung		
Arbeitshöhe d.Stromabnehmer	5600 mm	5600 mm
Mindestabstand v. Oberleitung	150 mm	150 mm

Tabelle 5: Einflußgrößen der Grenzlinien

Wenn obige Einflußgrößen im Einzelfall nicht zutreffen, sind die Grenzlinien nach Anlagen 2 und 3 EBO zu bestimmen.

Bei Gleisen, auf denen ausschließlich Stadtschnellbahnfahrzeuge verkehren, dürfen die Maße zur Grenze der Räume A und B um 100 mm verringert werden. In Tunneln sowie unmittelbar angrenzenden Einschnittsbereichen ist die Verringerung der halben Breite des Regellichtraums auf 1900 mm zulässig, sofern besondere Fluchtwege vorhanden sind

Für den horizontalen Abstand fester Einbauten von der Gleisachse sind die Höhenmaße 380 / 760 / 960 und 1150 / 1200 mm wichtig. Nach §13 EBO sind die Kanten der Personenbahnsteige in der Regel auf eine Höhe von 0,76 m über SO zu legen. Bahnsteighöhen unter 0,38 m und über 0,96 m sind unzulässig. Bahnsteige der S - Bahn sollen auf eine Höhe von 0,96 m über SO gelegt werden. Liegen Bahnsteige im Gleisbogen, ist auf die Überhöhung Rücksicht zu nehmen.

Seitenrampen, an denen Güterwagen mit nach außen aufschlagenden Türen be- und entladen werden sollen, dürfen nicht höher als 1,10 m über SO sein. Andere Seitenrampen dürfen, ausgenommen an Hauptgleisen, 1,20 m hoch sein.

In der EBO ist der Mindestradius der Gleisbogen für Hauptbahnen mit 300 m und für Nebenbahnen mit 180 m festgesetzt. Fur Bogen unter 250 m Radius wird gem. § 9 EBO eine Vergrößerung des lichten Raumes gefordert (Tabelle 6).

Bogenradius	Erforderliche Vergrößerung der halben Breitenmaße an der		
	Bogenaußenseite	Bogeninnenseite	Oberleitung
m	mm	mm	mm
250	0	0	
225	25	30	10
200	50	65	20
190	65	80	25
180	80	100	30
150	135	170	50
120	335	365	80
100	530	570	110

Tabelle 6. Vergrößerung der halben Breitenmaße des lichten Raumes in Gleisbogen mit Radien < 250 m.

6.1.2 Regellichtraum nach EBOA

Bei Regelspurbahnen ist nach EBOA ein lichter Raum freizuhalten, der in
Bild 12 mit der ausgezogenen Linie gekennzeichnet ist. Bei Neubauten sind
zusätzlich Seitenraume C - D freizuhalten. Stellen, an denen das Breitenmaß
bis zur Linie C - D nicht eingehalten ist, sind örtlich als Gefahrenstellen zu
kennzeichnen.

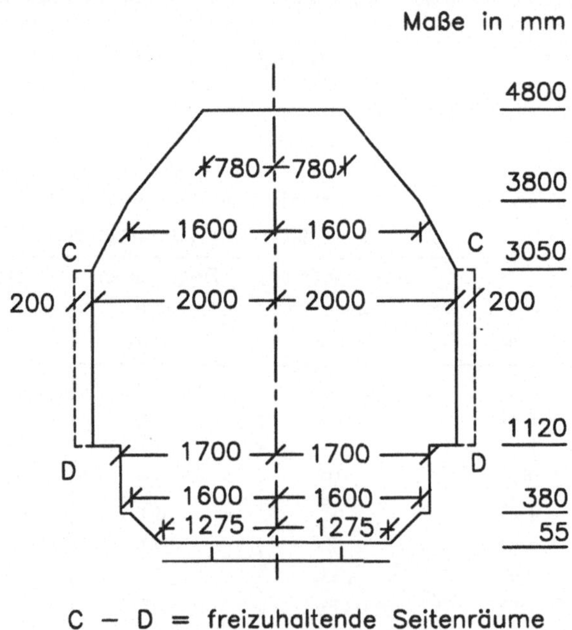

Bild 12: Umgrenzung des lichten Raumes für Regelspur gemäß EBOA

In Gleisbögen mit Radien kleiner als 250 m sind die Breitenmaße des lichten
Raumes zu vergrößern. Die Vergrößerungsmaße sind der jeweiligen EBOA zu
entnehmen.

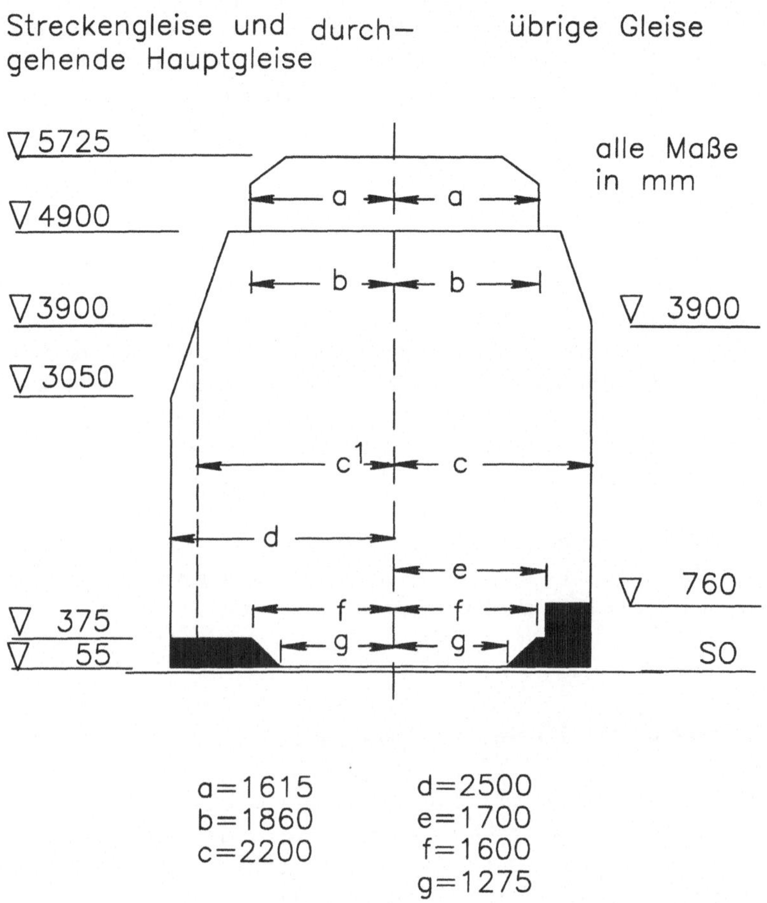

Bild 13 : Lichtraumprofil für NBS

Bei Festlegung des Gleises gegenüber festen Gegenständen dürfen die halben Breitenmaße des Regellichtraumes um 30 mm verkleinert werden, wenn durch besondere Vorkehrungen dafür gesorgt ist, daß sich die Gleislage auf mindestens 30 m Länge vor und hinter diesem Bauteil nicht verändern kann

6.2 Lichtraumprofil für NBS

Bild 13 zeigt das Lichtraumprofil für Neubaustrecken Dieses setzt sich aus dem Lichtraumprofil GC nach UIC Merkblatt 506 und dem Regellichtraum für Strecken mit Oberleitung zusammen Das Lichtraumprofil GC ersetzt den bisher bei Neubaustrecken zugrunde gelegten Erweiterten Regellichtraum (ERL). Von diesem unterscheidet es sich durch den Wegfall der bogenabhangigen Zuschläge. Die angegebenen Maße beinhalten samtliche Zuschläge bis zu einem Radius von 250 m.

Die Linie 2500 mm entspricht bis 3,05 m ü. SO der Begrenzung des Raumes A des Regellichtraums Zwischen durchgehenden Hauptgleisen ist auf beiden Gleisen das halbe Breitenmaß von 2,20 m freizuhalten.

6.3 Profilpunkte bei Gleisen mit Überhöhung

Bei der kleinen Grenzlinie des Regellichtraums sind Überhohungen bis 50 mm, bei der großen Grenzlinie bis 160 mm berücksichtigt. In Einzelfallen kann es notwendig werden, den Abstand einzelner Punkte von der Gleisachse in Abhängigkeit von der Überhöhung zu ermitteln.

Im überhöhten Gleis wird das Profil um den gleichen Winkel, der durch die Uberhöhung eintritt, gekippt. Der durch die Uberhöhung bedingte Ausschlag ist bei der Berechnung der Achsabstände von festen Einbauten und von Nachbargleisen zu beachten.

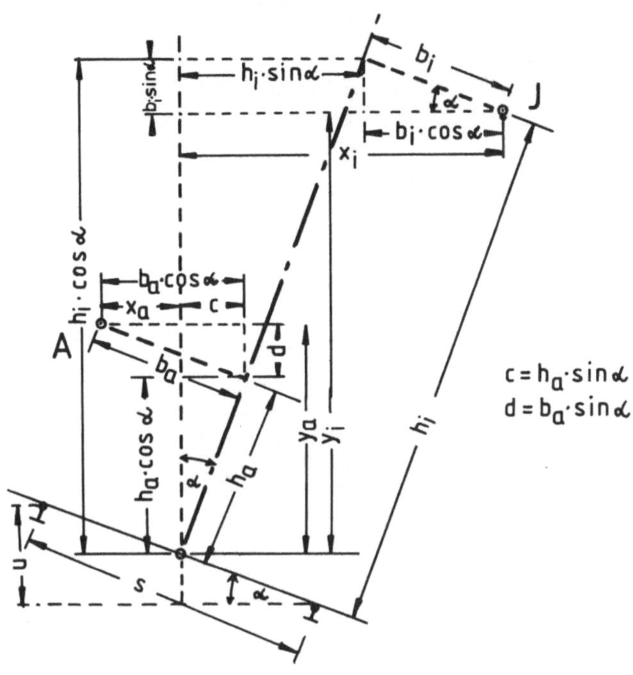

Bild 14. Skizze zur Berechnung der Abstände der Punkte A und I

Die Ordinate ist die Senkrechte durch die Gleisachse. Die Abszissenachse verlauft im rechten Winkel dazu. Die Achse des Lichtraumprofils steht senkrecht auf der Verbindungslinie der Schienenkopfberührenden und liegt in der Mitte zwischen beiden Schienen. α ist der Kippwinkel, der durch die Uberhöhung entsteht Damit ist

$$\sin \alpha = u / 1500$$

(Abstand der Schienenkopfmitten s = 1500 mm, u in mm).

Bezeichnungen zu Bild 14:

- A = Punkt auf der Bogenaußenseite
- a = Index für Außenseite
- I = Punkt auf der Bogeninnenseite
- i = Index für Innenseite

Aus Bild 14 ergibt sich, bezogen auf die Gleisachse:

$$x_i = h_1 \cdot \sin \alpha + b_i \cdot \cos \alpha$$
$$y_i = h_i \cdot \cos \alpha - b_1 \cdot \sin \alpha$$
$$x_a = b_a \cdot \cos \alpha - h_a \cdot \sin \alpha$$
$$y_a = b_a \cdot \sin \alpha + h_a \cdot \cos \alpha$$

7 Gleisabstände

Der Gleisabstand (e) ist der horizontale Abstand zwischen den Gleisachsen benachbarter Gleise.

7.1 Abstand zwischen Streckengleisen

Der Mindestabstand zweier Gleise beträgt bei Radien, die größer als 2100 m sind, 3,50 m. Dieses Maß ist aus der Geschichte der Bahnen entstanden. Das früher definierte halbe Wagenbegrenzungsmaß betrug 1575 mm. Stehen in zwei Gleisen, die im Abstand von 3,50 m verlegt sind, zwei Fahrzeuge, dann verbleibt zwischen den Begrenzungslinien ein Maß von 350 mm für Ausladungen und Betriebseinflüsse.

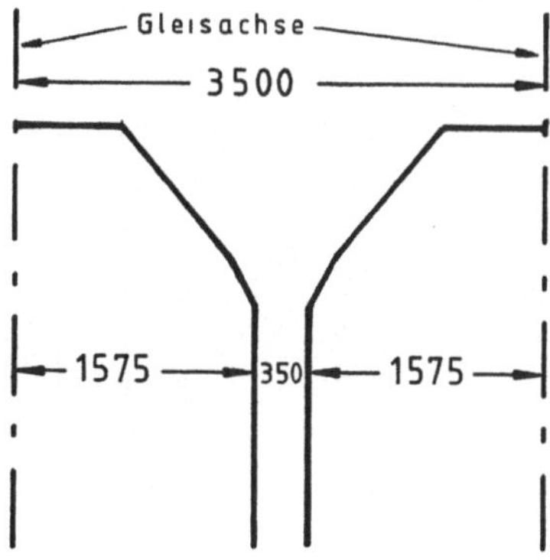

Bild 15 : Mindestgleisabstand (Ursprüngliche Betrachtung)

Der Mindestgleisabstand gem. EBO wird durch Addition der halben Breitenmaße der maßgeblichen Grenzlinien bestimmt. Für einige Radien ist er in Tabelle 7 angegeben.

Radius (m)	Mindestgleisabstand bei einer Geschwindigkeit von (km/h)				
	160	140	120	100	80
2 500	3,50	3,50	3,50	3,50	3,50
1 600	3.54	3.50	3 50	3.50	3.50
1 300	3 58	3.53	3.50	3 50	3.50
1 100	3.61	3.56	3.51	3.50	3 50
950		3 59	3.53	3.50	3.50
850		3.61	3.55	3.50	3.50
700			3.59	3.53	3.50
600			3.62	3.55	3.50
500				3.59	3.52
450				3.61	3.54
400					3.55
300					3,61

Radius (m)	Mindestgleisabstand bei einer Geschwindigkeit (km/h) von				
	70	60	50	40	30
450	3.50	3.50	3.50	3.50	3.50
400	3.52	3.50	3.50	3.50	3.50
300	3.56	3.52	3.50	3.50	3.50
250	3.60	3.55	3.51	3.50	3.50
225		3.63	3.58	3.56	3.50
200		3.71	3.66	3.62	3.62
180		3.80	3 74	3 69	3.68

Zwischenwerte dürfen geradlinig eingeschaltet werden

Tabelle 7 : Mindestgleisabstand zwischen Streckengleisen (§ 10 EBO)

Der Mindestabstand ist nur auf bestehenden Strecken zulässig. Bei Neu- und umfassenden Umbauten muß der Gleisabstand auf der freien Strecke mindestens 4,00 m betragen. Verkehren auf einer Strecke ausschließlich S - Bahnen, dann darf der Gleisabstand auf 3,80 m verkleinert werden.

Hat das äußere Gleis eine größere Überhöhung (u_a) als das innere Gleis (u_1), so ist der Mindestgleisabstand um den Betrag

$$\Delta e = 3{,}53 \,/\, 1{,}5 \cdot (u_a - u_i) \ [\text{mm}]$$

zu vergrößern.

Bei Radien unter 250 m müssen die Gleisabstände nach § 10 EBO vergrößert werden. Die Vergrößerungen enthält Tabelle 8.

Radius m	Vergrößerung mm
250	0
225	55
200	120
180	180
170	215
150	305
120	700
100	1 100

Zwischenwerte dürfen geradlinig eingeschaltet werden.

Tabelle 8 : Vergrößerung der Gleisabstände bei Radien < 250 m

Die wichtigsten Gleisabstände der DB sind in der folgenden Tabelle zusammengestellt.

Bezeichnung der Gleisanlage	Abstand	Quelle
Bestehende Anlagen	3,50 m	EBO § 10(1)
Umfassende Um- und Neubauten	4,00 m	Mindestabstand EBO § 10
S - Bahn	3,80 m	EBO § 10
S - Bahn, unterirdisch, Schutzraum neben d. Gleisen	3,80 m	DS 800/3
S - Bahn, unterirdisch, Schutzraum zwischen den Gleisen	4,70 m	DS 800/3
Neubaustrecken v_e = 300 km/h	4,70 m	DS 800/2
ve = 250 km/h	4,50 m	DS 800/2
Gleiswechselbetrieb Signale zwischen den Gleisen	4,50 m	DS 800/1
Zwischen Streckengleispaar und drittem Gleis $v < 160$ km/h	5,80 m	DS 800/2
$160 < v < 200$ km/h	6,80 m	
$v < 300$ km/h	8,00 m	

Tabelle 9: Wichtige Gleisabstände zwischen Streckengleisen (DB)

Für NE-Bahnen sind die Gleisabstände in den Verordnungen der Länder (EBOA) vorgeschrieben. Allgemein beträgt hier der Regelabstand für Neubauten von Regelspurbahnen 4,00 m. Es gibt auch hier viele Sonderregelungen, die den Verordnungen des jeweiligen Bundeslandes entnommen werden können.

7.2 Gleisabstand in Bahnhöfen

In Bahnhöfen muß der Gleisabstand mindestens 4,00 m, bei Neubauten mindestens 4,50 m betragen. Durchgehende Hauptgleise ohne Zwischen-bahnsteig dürfen im Gleisabstand der freien Strecke durch den Bahnhof geführt werden.

Bezeichnung der Gleisanlage	Abstand	Quelle
Mindestabstand	4,00 m	EBO §10
Mindestabstand bei Neubauten	4,50 m	EBO §10
Signal zwischen den Gleisen	4,75 m	
Rangierwege zwischen den Gleisen:		
- zwischen Hauptgleisen	5,80 m	DS 800/1
- zwischen Nebengleisen	4,75 m	DS 800/1

Tabelle 10 : Gleisabstände in Bahnhöfen (DB)

Gleisabstände unter Berücksichtigung weiterer Randbedingungen sind in der Dienstvorschrift der DB DS 800 (VEB) Teilhefte 1 bis 4 aufgefuhrt (Teilheft 1 = Allgemeine Entwurfsgrundlagen, Teilheft 2 = Neubaustrecken, Teilheft 3 = S-Bahnen, Teilheft 4 = Rangierbahnhöfe).

Es ist zu beachten, daß bei elektrischer Zugförderung der erforderliche Raum für die Aufstellung der Fahrleitungsmasten freigehalten werden muß.

7.3 Gleisabstand bei Gleisen mit Überhöhung

Der Gleisabstand e wird parallel zur Schienenkopfberührenden gemessen. Die vermessungstechnische Absteckung des Gleisabstandes bezieht sich auf den horizontalen Abstand e_h. In der Geraden, hier sind die Schienen ohne Überhöhung verlegt, sind Gleisabstand und Absteckmaß identisch. Verlaufen die Achsen der Gleise im Gleisbogen auf gleicher Höhe, liegen Gleisabstand und Absteckmaß in verschiedenen Ebenen Aus Bild 13 ergibt sich.

$$e = e_h \cdot \cos \alpha$$

und daraus das horizontale Absteckmaß der Achsen paralleler, überhöhter Gleise :

$$e_h = e \, / \cos \alpha.$$
$$\text{Dabei } \sin \alpha = u \, / \, 1500.$$

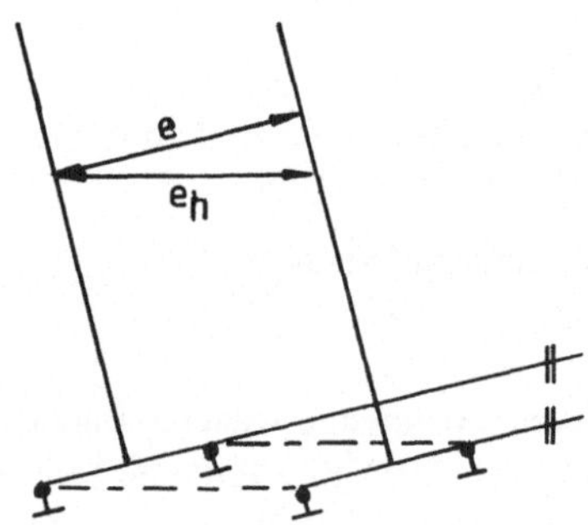

Bild 16: Gleisabsteckung im Bogen

Beispiel:

Bei einem Gleisabstand von e = 4,00 m und einer Uberhöhung beider Gleise von u = 160 mm ergibt sich das Absteckmaß in der Horizontalebene zu:

$$e_h = 4{,}00 \, / \cos \alpha, \ \text{mit } \alpha = 6{,}123^{\circ} = 4{,}02 \text{ m}$$

Wenn das horizontale Absteckmaß in diesem Fall 4,00 m gewählt wird, dann ist der Gleisabstand nur: e = 4,00 · cos 6,123° = 3,98 m.

7.4 Abstände unter Überführungsbauwerken

Der freizuhaltende Raum unter Überführungsbauwerken wird durch die lichte
Höhe und die lichte Weite beschrieben.

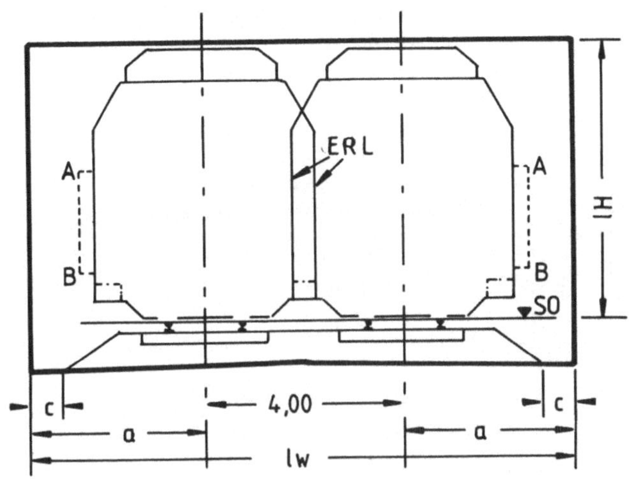

Bild 17. Lichte Bauwerkshöhen und -weiten

In Bild 17 ist die Randwegbreite mit c bezeichnet (s.Kap 11.5) Die lichte
Mindestweite lw der Bauwerke und der Mindestabstand der Kunstbauten (z B.
Widerlager, Stutzmauern, Schallschutzwände) von der Gleisachse (a) beträgt
bei

Geschwindigkeit	lw	a
v < 200 km/h	11,00	3,50
v > 200 km/h	13,30	4,50

Wenn die Gleise im Bereich der Bauwerke in Überhöhung liegen, muß das
Maß der lichten Weite vergrößert werden.

Die lichte Mindesthöhe betragt bei nicht elektrifizierten Strecken in der Regel 4,90 m; auf Strecken mit lademaßuberschreitendem Verkehr 5,10 m

Bei elektrifizierten Strecken ist die lichte Mindesthöhe lH der Bauwerke abhangig

- vom Abstand der Bauwerkskante vom nachsten Fahrleitungsstutzpunkt,
- von der Entwurfsgeschwindigkeit.

v (km/h)	lichte Mindesthöhe (lH)	
	freie Strecke	in Bahnhöfen
< 160	5,60 m	6,10 m
< 200	5,90 m	6,40 m
< 300	7,40 m	7,90 m

Tabelle 11: Lichte Mindesthöhe unter Bauwerken bei elektrifizierten Strecken

Die Werte der Tabelle 11 beinhalten eine Hebungsreserve für den Oberbau von 0,10 m. Sie sind bei überhöhten bzw. geneigten Gleisen mit Zuschlägen zu versehen Diese betragen: + 2/3 der eingebauten Überhöhung in mm und +1,5-fache Langsneigung in mm, also $1,5 \cdot I \, ^o/_{oo}$.

In Bild 18 sind die lichten Bauwerkshohen und -weiten bei NBS dargestellt. Für das nicht uberhohte Gleis ist eine Lichte Weite lw von 13,30 m erforderlich Der Abstand b zwischen Gleismitte und Bauwerk beträgt 4,30 m, die Randwegbreite 1,35 bis 1,30 m. Wenn eine Oberflachenentwässerung als Bahngraben neben dem Gleis verlauft, ist die lichte Weite um 1,6 m zu vergroßern. Die Lichte Hohe betragt auf der freien Strecke, wie in Tabelle 11 angegeben, 7,40 m Bei einer Überhöhung von 160 mm wird lw = 13,70 m, $b_{(Bogeninnenseite)}$ = 4,30 m, $b_{(Bogenaußenseite)}$ = 4,70 m.

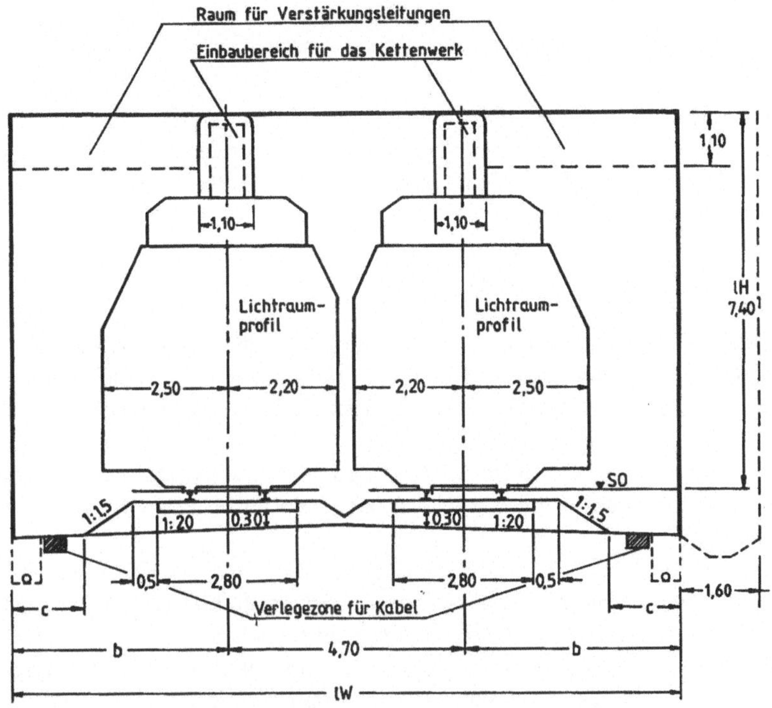

Bild 18: Lichte Bauwerkshöhen und -weiten bei NBS (DS 800/2)

8 Linienführung

Die Linienführung der Gleise in Grund- und Aufriß wird durch Trassierungselemente bestimmt. Für die Trassierungselemente sind in den Bau- und Betriebsordnungen Grenzwerte als Mindest- bzw. zulässige Höchstwerte festgelegt.

Mit den Grenzwerten sollte nur in Ausnahmefällen trassiert werden, um den Aufwand für die Unterhaltung möglichst gering zu halten Fur eine wirtschaftliche Trassierung wurden im Laufe der Zeit "Regelwerte" entwickelt. Ihnen liegen wissenschaftliche Erkenntnisse und praktische Erfahrungen zugrunde. Es ist anzustreben, mit diesen Regelwerten zu arbeiten.

Im Aufriß wird die Gradiente (= Neigungslinie) bei konstanter Neigung als Gerade ausgebildet. Neigungswechsel werden mit Kreisbögen ausgerundet.

Im Grundriß gibt es drei Trassierungselemente: die Gerade, den Kreis und -als Verbindungselement zwischen beiden- den Übergangsbogen. Der Wechsel von Trassierungselementen führt zu Unstetigkeitsstellen im Gleis. Dadurch entstehen im Fahrzeug Schwingungen, deren Abklingzeit etwa 1,5 bis 2 Sekunden beträgt. Die Trassierung soll derart erfolgen, daß sich die Fahrzeugschwingungen aus mehreren Unstetigkeitsstellen nicht addieren. Die Länge einzelner Trassierungselemente ist in Abhängigkeit von der Entwurfsgeschwindigkeit so zu bemessen, daß sie von den Fahrzeugen mindestens 1,5 bis 2 Sekunden befahren werden. Daraus folgt die Mindestlänge der Trassierungselemente zu

$$l = 0{,}4 \cdot v_e \ (m).$$

In Plänen wird der Verlauf der Trasse in drei Ebenen dargestellt:

- Grundriß = Lageplan.
  Gängige Maßstäbe: 1 : 1.000,   1 : 5.000   1 : 25.000

- Aufriß = Längenschnitt
(auch als Längsprofil oder Höhenplan bezeichnet)
Verzerrter Maßstab, meistens 10-fach überhöht.

Maßst. d Höhe (MdH)	1 . 200	1 · 100	1 . 50
Maßst d.Lange (MdL)	1 : 2.000	1 : 1.000	1 : 500

- Querschnitt.
Maßstab (unverzerrt): 1 : 50 oder 1 . 100.

8.1 Bezeichnung der Trassierungselemente und der Bemessungsgrößen

Für Trassierungselemente und Bemessungsgrößen sind Abkürzungen eingeführt Diese werden sowohl in den Formeln für die Berechnung der Elemente als auch zur Kennzeichnung der Elemente in Plänen angewandt. Wesentliche Abkürzungen und ihre Bedeutung sind in der nachfolgenden Übersicht zusammengestellt.

Formel-zeichen	Bedeutung des Zeichens
a	Scheitelabstand bei Ausrundungsbögen (m)
AA	Ausrundungsbogenanfang
AE	Ausrundungsbogenende
a_r	Radialbeschleunigung (m/s^2)
a_q	Beschleunigung in Querrichtung (m/s^2)
BA	Bogenanfang
BE	Bogenende
BM	Bogenmitte
BW	Bogenwechsel
e	Gleisabstand (m)

Tabelle 12: Abkürzungen und ihre Bedeutung

Formel- zeichen	Bedeutung des Zeichens
f	Abrückmaß des Gleisbogens gegenüber der Tangente bei Übergangsbógen
h_f	Pfeilhöhe
I	Längsneigung ($^o/_{oo}$)
k	Krümmung ($1/r = k$)
l_a	Länge der Ausrundung bei Kuppen und Wannen
l_b	Länge von Kreisbögen
l_g	Länge einer Zwischengeraden
l_n	Nutzbare Gleislänge (auch als NL üblich)
l_R	Länge der Überhöhungsrampe
l_t	Tangentenlänge
l_{ta}	Tangentenlänge des Ausrundungsbogens
u	Übergangsbogenlänge
l_w	Länge der Weiche
ldSch	letzte durchgehende Schwelle
max	Vorsatz für Höchstwert
min	Vorsatz für Mindestwert
$1 : m$	Neigung der Überhöhungsrampe
$1 : n$	Neigung der Weichentangente
N	Höhe über NN
NW	Neigungswechsel
oA	ohne Angabe des Ausrundungshalbmessers
r	Radius von Gleisbögen
r_0	Radius des Zweiggleises der Weichengrundform
r_a	Ausrundungshalbmesser der Neigungswechsel
r_s	Radius des Stammgleises einer Bogenweiche
r_z	Radius des Zweiggleises einer Bogenweiche
reg	Vorsatz für Regelwert
RA	Rampenanfang
RE	Rampenende

noch Tabelle 12: Abkürzungen und ihre Bedeutung

Formel- zeichen	Bedeutung des Zeichens
RM	Rampenmitte
s	Abstand der Schienenkopfmitten (mm)
S	Streckenneigung (^{o}/oo)
TS	Tangentenschnittpunkt
u	Überhöhung der Außenschiene (mm)
u_0	Ausgleichende Uberhöhung
u_f	Überhöhungsfehlbetrag
$u_{(min\ r)}$	Überhöhung bezogen auf Mindesthalbmesser
u_u	Uberhöhungsüberschuß
UA	Ubergangsbogenanfang
UE	Übergangsbogenende
UM	Übergangsbogenmitte
v_e	Entwurfsgeschwindigkeit (km/h)
WA	Weichenanfang
WE	Weichenende
WTS	Schnittpunkt der Weichentangenten
zul	Vorsatz für zulässigen Wert

Tabelle 12: Abkürzungen und ihre Bedeutung

8.2 Geschwindigkeiten

Die Trassierungselemente werden in Abhängigkeit von der zulässigen
Geschwindigkeit bzw. der Entwurfsgeschwindigkeit bemessen. Die jeweils
zulässige Geschwindigkeit, mit der ein Zug höchstens fahren darf, ist
abhängig von:

- der Bauart der einzelnen Fahrzeuge
- der Art und der Länge des Zuges
- den Bremsverhältnissen
- den Streckenverhältnissen   und
- den betrieblichen Verhältnissen.

Die Geschwindigkeit ist für durchgehend gebremste Reisezüge auf Hauptbahnen derzeit auf 250 km/h begrenzt, wenn Strecke und führende Fahrzeuge mit Zugbeeinflussung (s. Kap 17) ausgerüstet sind, durch die ein Zug selbständig zum Halten gebracht und außerdem geführt werden kann. Kann der Zug durch Zugbeeinflussung lediglich selbständig zum Halten gebracht werden, beträgt die zulässige Geschwindigkeit 160 km / h. Ist keine Zugbeeinflussung vorhanden, ist die Geschwindigkeit auf 100 km / h begrenzt.

Auf Nebenbahnen beträgt die zulässige Hochstgeschwindigkeit 80 km/h. Wenn teilweise Bedingungen für Hauptbahnen erfüllt sind, darf mit 100 km/h gefahren werden.

Durchgehend gebremste Güterzüge dürfen auf Hauptbahnen 120 km/h fahren, wenn eine wirksame Zugbeeinflussung vorhanden ist; sonst 100 km/h. Für Versuchszüge, dies können auch planmäßige Güterzüge sein, ist die Höchstgeschwindigkeit mit 160 km / h festgelegt.

Für Neubauten und umfassende Umbauten können folgende Entwurfsgeschwindigkeiten als Richtwert angenommen werden:

    Neubaustrecken :   300 km / h, mindestens 250 km / h
    Ausbaustrecken :   200 km / h
    Güterzugstrecken: 120 km / h
    S - Bahn Strecken :   120 km / h

Die Höchstgeschwindigkeit beim Rangieren beträgt 25 km/h, bei Ansage des freien Fahrweges bis 40 km/h.

Für Anschlußbahnen ist die zulassige Geschwindigkeit in der jeweils geltenden EBOA vorgeschrieben. Sie ist im allgemeinen auf 25 km/h begrenzt. In einigen Bundesländern sind 30 km/h zugelassen.

Für Straßenbahnstrecken werden die zugelassenen Höchstgeschwindigkeiten in Abhängigkeit von Art und Beschaffenheit der Betriebsanlagen und der Fahrzeuge von der technischen Aufsichtsbehörde festgesetzt. Wenn die Gleise straßenbündig liegen, gilt die für den Straßenverkehr zulässige Höchstgeschwindigkeit. Die Entwurfsgeschwindigkeit soll für straßenbündigen und besonderen Bahnkörper nicht kleiner als v_e = 50 km/h und für unabhängigen Bahnkörper nicht kleiner als v_e = 70 km/h gewählt werden.

Wenn die nach den vorgenannten Geschwindigkeiten bemessenen Trassierungselemente in der Örtlichkeit nicht eingebaut werden können, dann ist eine entsprechend niedrigere Entwurfsgeschwindigkeit v_e zu wählen. Sie ist auf einen durch 10 teilbaren Wert abzurunden.

8.3 Längsneigung und Neigungswechsel

Beim Straßenbau werden die Neigungen in $^o/_o$ angegeben. Die Eigenheiten des Rad - Schiene - Systems und der Wunsch, große Lasten mit möglichst gleichmäßiger Geschwindigkeit befördern zu können, führen bei der Trassierung von Bahnen gegenüber der Straßenplanung zu geringeren Neigungen. Die Längsneigung wird in Promille ($^o/_{oo}$), also der Höhendifferenz je 1 000 m der in die Horizontale projizierten Strecke, ausgedrückt In einigen EBOA und in Regelquerschnitten werden Neigungen als Verhältnis von 1 m Steigung (Gegenkathete) zu n Meter der Horizontalen (Ankathete) - 1 : n - bezeichnet.

8.3.1 Neigung der freien Strecke

Nach § 7 EBO soll die Längsneigung

$$- \text{auf Hauptbahnen } 12,5 \; ^o/_{oo}$$
$$- \text{auf Nebenbahnen } 40 \; ^o/_{oo}$$

nicht überschreiten. Damit bei Tunnelstrecken die Entlüftung gewährleistet ist, muß die Gradiente bei Tunnellängen bis 1 000 m > 2 $^o/_{oo}$, bei Tunnellängen über 1 000 m > 4 $^o/_{oo}$ geneigt sein.

Bei reinem S - Bahn - Betrieb dürfen auch Hauptbahnen bis 40 $^0/_{00}$ geneigt sein. Damit sind im Bereich von Überwerfungsbauwerken und Tunnelrampen kurze Entwicklungslängen möglich.

In den meisten EBOA ist keine höchstzulässige Neigung festgelegt. Sofern eine Trassierung über 40 $^0/_{00}$ erwogen wird, sollte diese Maßnahme vorher mit der Genehmigungsbehörde erörtert werden.

Die Längsneigung der Streckengleise der Straßenbahnen ist nach BOStrab auf das Anfahr- und Bremsvermögen der Fahrzeuge abzustimmen. Im Regelfall sollen 40 $^0/_{00}$ nicht überschritten werden. In Ausnahmefällen sind für unabhängige Bahnen 50 $^0/_{00}$ und für straßenabhängige Bahnen 60 $^0/_{00}$ zulässig.

8.3.2 Neigung der Bahnhofsgleise

Bei Neubauten soll die Längsneigung der Bahnhofsgleise 2,5 $^0/_{00}$ nicht überschreiten (§ 7 EBO). Abgestellte Wagen mit Rollenachslagern können sich bei 2,5 $^0/_{00}$ Neigung selbstandig in Bewegung setzen. Deshalb ist in Gleisen, in denen regelmäßig Wagen abgestellt werden, eine Neigung von 1,67 $^0/_{00}$ anzustreben.

Überholungsbahnhöfe der Neubaustrecken sollen kein Gefälle aufweisen. Hier sind Neigungen über 1,5 $^0/_{00}$ unzulässig.

Bei reinem S - Bahn - Betrieb ist die Neigung der Bahnsteiggleise an *Haltepunkten* auf 12,5 $^0/_{00}$ begrenzt.

Die Längsneigung in Haltestellen straßenabhängiger Straßenbahnen darf 40 $^0/_{00}$ in Ausnahmefällen übersteigen.

8.3.3 Neigungswechsel

Wechsel in der Längsneigung sind mit einem Kreisbogen auszurunden. Bei Neigungsunterschieden unter 1 $^0/_{00}$ ist kein Ausrundungsbogen vorzusehen. Dies wird in den Plänen mit der Abkürzung "oA" vermerkt.

Bemessung des Ausrundungsbogens:

- Regelausrundung: $\text{reg } r_a = 0{,}4 \cdot v_e^2$ (m)
- Mindestausrundung: $\text{min } r_a = 0{,}25 \cdot \text{zul } v^2$ (m).
- *In jedem Fall muß*   *$r_a > 2.000\,m$ sein.*

Bei NBS gilt bei beengten Verhältnissen ein Mindestwert

$$r_a \geq 14\,000 \text{ m bei Kuppen,}$$
$$r_a \geq 12\,000 \text{ m bei Wannen.}$$

Neigungswechsel der Anschlußbahnen werden ebenfalls ausgerundet. Der Mindestradius der Ausrundung beträgt nach EBOA

$$\text{min } r_a = 300 \text{ m.}$$

Die Neigungswechsel der Straßenbahnen sind im Regelfall mit einem Radius $r_a = v^2/4$, mindestens jedoch mit $r_a \geq 2\,000$ m, auszurunden. Im Ausnahmefall darf $r_a \geq 0{,}25\, v_e^2$, mindestens 1 000 m betragen.

Für straßenbündige Bahnkörper ist die Ausrundung von Neigungswechseln den örtlichen Gegebenheiten anzupassen.

Neigungswechsel in Überhöhungsrampen sind zu vermeiden. Für Ausrundungsbögen im Weichenbereich gelten besondere Bestimmungen.

In Bild 19 sind die geometrischen Zusammenhänge im Ausrundungsbogen dargestellt. Die Tangentenlänge ist:

$$l_t = r_a \cdot \tan \alpha/2.$$

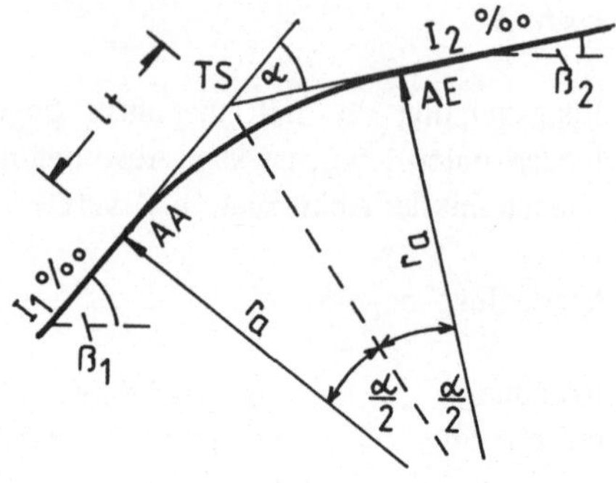

Bild 19: Geometrische Zusammenhänge im Ausrundungsbogen

Da der Winkel α sehr klein ist, gilt die Näherung:

$$\tan \alpha/2 = 1/2 \tan \alpha.$$

Aus Bild 19 entnimmt man:

$$\alpha = \beta_1 - \beta_2$$

Auch hier kann wegen der kleinen Winkel näherungsweise gesetzt werden:

$$\tan \alpha = \tan \beta_1 - \tan \beta_2.$$

Damit ergibt sich für die Tangentenlänge:

$$l_t = r_a \cdot 1/2 \, (\tan \beta_1 - \tan \beta_2)$$
$$\text{mit} \qquad \tan \beta_1 = I_1 / 1\,000$$
$$\text{und} \qquad \tan \beta_2 = I_2 / 1\,000.$$

Die Neigung wird in Richtung der Kilometrierung der Strecke als Steigung (+ I $^o/_{oo}$) oder als Gefälle (- I $^o/_{oo}$) bezeichnet. Steigung und Gefälle werden bei der Berechnung der Tangentenlange mit Vorzeichen eingesetzt. Das Ergebnis ist dann ein Absolutwert:

$$l_t = |\, r_a / 2 \cdot (I_1 - I_2) / 1\,000\,|$$

$$= |\, r_a \cdot (I_1 - I_2) / 2\,000\,|$$

$$r_a = |\, 2\,000 \ l_t / (I_1 - I_2)\,|$$

Der Scheitelabstand der Ausrundung beträgt·

$$a = l_t^2 / 2 \cdot r_a$$

Die Ordinaten des Ausrundungsbogens konnen mit guter Naherung

mit $\qquad\qquad y_a = x^2 / 2r_a$

berechnet werden. Bei der Berechnung der Neigungslinie (Gradiente) ist der Zusammenhang zwischen horizontaler Strecke l_h, Neigung I $^o/_{oo}$ und Hohenunterschied Δh wesentlich·

$$l_h = 1\,000 \cdot \Delta h / I \ ^o/_{oo}$$

Es ist anzustreben, die Punkte AA, AE und NW mit der lagemäßigen Absteckung der Gleise in Einklang zu bringen. Damit werden "uberflussige" Absteckpunkte vermieden. Im Bereich des Ausrundungsbogens sind alle 10 m Absteckpunkte, die mit den 10 m Stationspunkten zusammenfallen, herzustellen.

Die Neigungswechsel werden im Lageplan, im Langsprofil und im Gleisvermarkungsplan dargestellt.

Darstellung im Lageplan:
im Lageplan wird der Neigungswechsel der Gradiente mit dem anschließenden Neigungsverlauf angegeben.

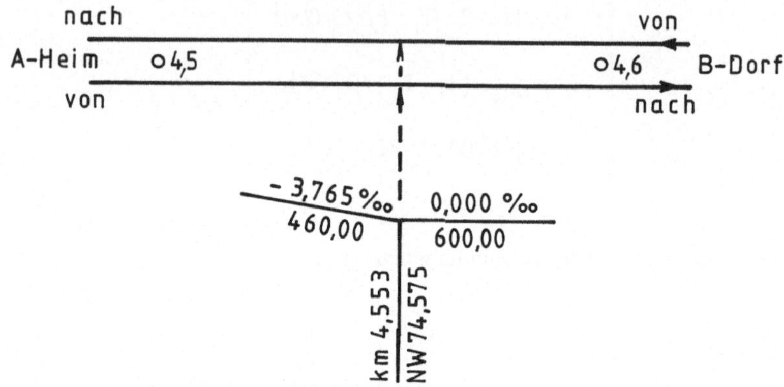

Bild 20: Neigungswechsel im Lageplan

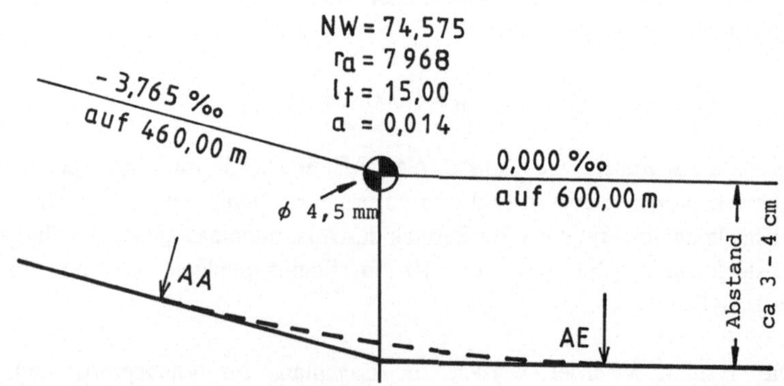

Bild 21: Neigungswechsel im Längsprofil

Darstellung im Längsprofil:

die Gradiente wird ausgezogen dargestellt, der Ausrundungsbogen von AA bis AE gestrichelt. Parallel zur Gradiente im Abstand von etwa 3 - 4 cm wird eine weitere Linie gezeichnet, an der die Neigungen und die zugehorigen Entfernungen angegeben werden.

Beispiel:

Berechnung der Elemente der Neigungswechsel der Bilder 20 und 21. Die Entwurfsgeschwindigkeit betrage v_e = 140 km/h. Die Berechnung soll mit Regelwerten erfolgen.

Der Ausrundungsradius beträgt:

$$\text{reg } r_a = 0,4 \cdot v_e^2 = 0,4 \cdot 140^2 = 7\,840 \text{ m}$$

Die Neigung ändert sich von I_1 = - 3,765 $^o/_{oo}$ auf I_2 = 0,000 $^o/_{oo}$. Man berechnet die Tangentenlänge zu.

$$l_t = r_a \cdot (I_1 - I_2) / 2\,000$$

$$l_t = 7\,840 \cdot (-3,765 - 0,000) / 2\,000 = 14,76 \text{ m}$$

Aus Grunden der einfacheren Absteckung kann l_t auf 15,00 m gerundet werden. Dann ist r_a neu zu berechnen:

$$r_a = 2\,000 \cdot l_t / (I_1 - I_2) = 7\,968 \text{ m}.$$

Der Abstand zwischen dem Gradientenbrechpunkt mit der Höhe NW und dem Ausrundungsbogen ist der Scheitelabstand Er beträgt hier.

$$a = l_t^2 / 2r_a = 15,00^2 / (2 \cdot 7\,968) = 0,014 \text{ m}$$

Gleisanlagen werden bei größeren Bahnen in Gleisvermarkungsplänen dargestellt. Diese werden verzerrt gezeichnet, das heißt, Höhenmaße werden gegenuber Längen großer dargestellt. Bei der Deutschen Bundesbahn wird als Längenmaßstab 1 : 1 000, als Höhenmaßstab 1 : 200 gewählt.

Gleisvermarkungspläne beinhalten unter "Neigungen und Höhenlage":
- die Neigungsangaben ($^O/_{oo}$, Länge der Neigung)
- Höhen ü. NN der Neigungswechsel
- Ausrundungsradius
- Ordinaten des Ausrundungsbogens in bezug auf die Tangenten in allen runden 5 m Stationspunkten der Ausrundung
- Kilometrierung der Neigungswechsel.

Beispiel:
Für einen eingleisigen Streckenabschnitt, der mit einer zulässigen Höchstgeschwindigkeit von v = 120 km/h befahren werden kann, ist der Neigungswechsel in km 1,840 durch einen Ausrundungsbogen auszurunden. Es soll mit Regelwerten trassiert werden. In km 1,825 kreuzt die Bahn eine Straße. Die Höhe ü. NN der Kreuzungsstelle (Gleisachse / Straßenachse) ist zu berechnen.

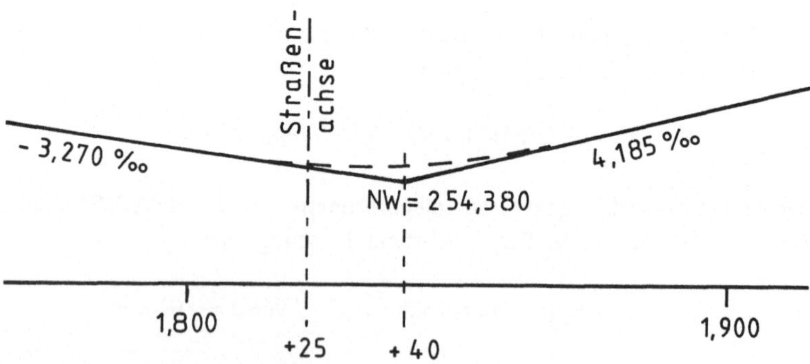

Bild 22: Skizze der Aufgabenstellung

1. Berechnung der Regelausrundung:

$$\text{reg } r_a = 0{,}4 \cdot v_e^2 = 0{,}4 \cdot 120^2 = 5\ 760 \text{ m}$$

2. AA und AE liegen in der Entfernung l_t vor bzw. hinter dem Neigungswechsel. Deshalb wird die Tangentenlange berechnet:

$$l_t = r_a \cdot (I_1 - I_2) / 2\ 000 = 5\ 760 \cdot (-3{,}270 - 4{,}185) / 2\ 000) = 21{,}47 \text{ m}$$

Somit ist die Kilometrierung von AA un AE

$$AA = 1{,}840 - 0{,}02147 = 1{,}8 + 18{,}53$$
$$AE = 1{,}840 + 0{,}02147 = 1{,}8 + 61{,}47$$

Von AA bis zum Kreuzungspunkt beträgt die Entfernung 6,47 m.

Die Höhe des Kreuzungspunktes wird aus zwei Teilrechnungen ermittelt:
- Berechnung der Höhe der Gradiente in km 1,8 + 25,00
- Berechnung der Ordinate des Ausrundungsbogens für die Abszisse 6,47m.

Der Höhenunterschied zwischen Gradientenknickpunkten in km 1,8 + 40 und km 1,8 + 25 beträgt:

$$\Delta h = l_h \cdot I \, {}^o/_{oo} / 1\ 000 = 15{,}00 \cdot 3{,}270 / 1\ 000 = 0{,}049 \text{ m}$$

Laut Definition ist I bei negativem Vorzeichen im Sinne der Kilometrierung ein Gefälle. Da hier entgegen der Kilometrierung gerechnet wird, ist Δh positiv. Der gesuchte Punkt liegt also höher als der Gradientenknickpunkt.

Die Ordinate des Ausrundungsbogens in km 1,8 + 25 beträgt:

$$y_a = x^2 / 2r_a = 6{,}47^2 / 2 \cdot 5\ 760 = 0{,}004 \text{ m}$$

Der Kreuzungspunkt liegt 0,053 m über dem Neigungswechsel, also NW = 254,380 m + 0,053 m = 254,433 m.

8.4 Gleisbogen

Wenn eine Masse m einen Kreisbogen mit dem Radius r durchfährt, dann wirkt auf sie eine Zentrifugalkraft

$$F = m\, v^2 / r.$$

Die horizontal gerichtete Zentrifugalbeschleunigung beträgt

$$a_r = v^2 / r.$$

Die Zentrifugalkraft wird im Rad - Schiene System über den Spurkranz in die Schiene eingeleitet. Sie ist zu begrenzen, weil·

    -die Kraftübertragung in die Schiene über den Spurkranz im Anlaufpunkt erfolgt. Wird die Zentrifugalkraft im Verhältnis zur Gewichtskraft zu groß, kann es zur Entgleisung kommen,

    -die Horizontalkraft Lageverschiebungen des Gleises bewirken kann. Die Wiederherstellung der Soll-Lage des Gleises erfordert Unterhaltungsaufwand.

    -die Horizontalbeschleunigung, die auch auf Reisende wirkt, wegen Komfortkriterien 0,65 m/s^2 bzw. 0,85 m/s^2 nicht überschreiten soll. In Abhängigkeit von der Beschaffenheit des Oberbaus, der Bauart der Fahrzeuge sowie der Ladung und deren Sicherung darf die Horizontalbeschleunigung bis 1 m/s^2 betragen.

    -Diese Grenzwerte gelten auch für Straßenbahnen.

Nach EBO soll der Bogenhalbmesser in durchgehenden Hauptgleisen bei Neubauten auf Hauptbahnen r $\geq$ 300 m und auf Nebenbahnen r $\geq$ 180 m betragen. Der Bogenhalbmesser bezieht sich auf die Gleisachse. Die Richtung des Fahrweges darf sich nur stetig ändern. Wenn erforderlich, sind Übergangsbogen anzulegen.

Bei der Planung von Neubaustrecken soll die Horizontalbeschleunigung wesentlich geringer sein. Deshalb werden dort Radien $r \geq 0{,}07 \cdot v^2$ [m] zugrunde gelegt. Dieser Wert darf aber in Ausnahmefällen unterschritten werden.

| Entwurfs-geschwin-digkeit v_e (km/h) | Strecken mit Personen und Güterzugverkehr Tägl Gesamtlasten d.Güterzüge(t) | | | Personenzug-verkehr incl Güterzüge bis 10 000 t / Tg. |
	> 60 000	30 000 bis 60 000	< 30 000	
100	reg r = 600 reg u = 120			
120	reg r = 850 reg u = 120			
140	reg r =1 300 reg u = 100	reg r=1 150 reg u= 120		
160	reg r =1 850 reg u = 80	reg r =1 700 reg u = 100	reg r =1 500 reg u = 120	
200	reg r =3 400 reg u = 60	reg r =3 000 reg u = 80	reg r =2 600 reg u = 100	reg r =2 400 reg = 120

Tabelle 13: Regelradius r(m) und Regelüberhöhung u (mm), die bei Neubauten nicht unterschritten werden sollen

Gemäß EBOA soll der Bogenhalbmesser bei Anschlußbahnen mit Regelspur $r \geq 140$ m , mit Schmalspur $r \geq 50$ m betragen. Der Halbmesser kann kleiner sein, wenn es die Bauart der Fahrzeuge gestattet. Für die Unterschreitung der vorgenannten Halbmesser gelten in den Bundesländern unterschiedliche

Bestimmungen. Anschlußbahnen sollten freizügig mit allen Fahrzeugen befahren werden können. Deshalb ist ein Radius $r \geq 150$ m anzustreben.

Die BO-Strab schreibt für straßenbündige Bahnkörper einen Mindestradius von $r \geq 25$ m vor.

Bahnen sollen mit Regelradien trassiert werden. Diese betragen etwa das 1,25-fache des entsprechenden Mindestwertes. Bei Neubauten im Bereich $v_e \leq$ 200 km / h sollen die Regelwerte der Tabelle 13 nicht unterschritten werden.

8.5 Überhöhung

In Gleisbogen wird in der Regel eine Überhöhung eingebaut. Sie wird durch Anheben der bogenäußeren Schiene hergestellt. So kann die zulässige Geschwindigkeit - im Vergleich zu einem nicht überhöhten Gleisbogen - erhöht werden.

In Bild 23 sind die Beschleunigungen, die auf einen Massepunkt beim Durchfahren eines überhöhten Gleisbogens infolge der Schwer- und Zentrifugalkraft einwirken, dargestellt.

Die Zentrifugalbeschleunigung a_r ist horizontal und radial zur Bogenaußenseite gerichtet. Die Erdbeschleunigung verläuft dazu senkrecht. Im nicht uberhöhten geraden Gleis liegt g theoretisch in der Fahrzeugachse

Aus der Geometrie (Bild 23) ergibt sich.

$$\sin \alpha = u / s = u / 1\,500$$

mit s als Abstand der Schienenkopfmitten. Die Größe der senkrecht zur Fahrzeugachse gerichteten Komponenten der Zentrifugal- und Erdbeschleunigung ist von der jeweils eingebauten Überhohung abhangig. Diese soll bei der Planung 160 mm und unter den sich im Betrieb einstellenden Abweichungen

180 mm nicht überschreiten. Uberhöhungen < 20 mm werden nicht eingebaut. In Weichen und an Bahnsteigen soll die Überhöhung $\leq$ 100 mm betragen.

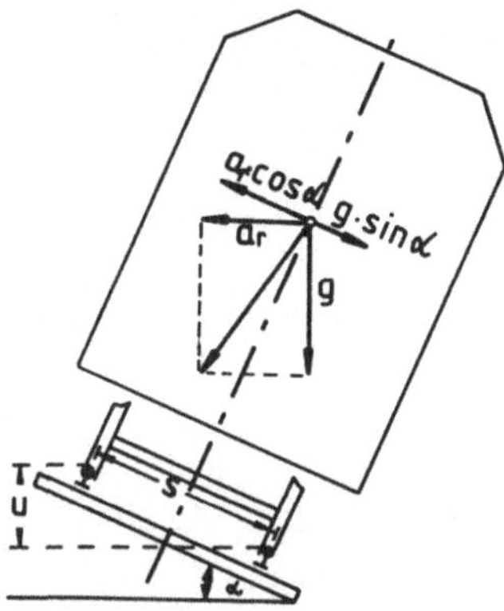

Bild 23: Beschleunigungskomponenten bei Bogenfahrt

8.5.1 Ausgleichende Überhöhung

Wenn Überhöhung, Geschwindigkeit und Radius so aufeinander abgestimmt sind, daß die Resultierende aus a_r und g in der Fahrzeugachse liegt - die senkrecht zur Fahrzeugachse verlaufenden Komponenten von a_r und g sind dann betragsmäßig gleich groß - wird diese Überhöhung als "ausgleichende Überhöhung" bezeichnet. Es ist.

$$\cos \alpha \cdot v^2 / r = g \cdot \sin \alpha$$

Daraus:

$$r = v^2 \cdot \cos \alpha / (g \cdot \sin \alpha) = v^2 / (g \cdot \tan \alpha)$$

Dabei ist. $\sin \alpha = u / s = u / 1\ 500;$

da u immer $\leq$ 180 mm, für die Planung immer $<$ 160 mm wird
$$\sin \alpha = 160 \: / \: 1\,500 = 0{,}107, \quad \text{damit } \alpha \leq 6{,}123^\circ .$$

Für kleine Winkel kann $\sin \alpha = \tan \alpha$ gesetzt werden.
(hier: $\tan 6{,}123^\circ = 0{,}1073$)

Somit: $r = v^2 \cdot 1\,500 \: / \: (g \cdot u)$ darin v in m/s.

Die Geschwindigkeit wird bei den Verkehrsmitteln allgemein in km / h angegeben. Für diese Dimension wird

$$r = v^2 \cdot 1\,500 \: / \: (3{,}6^2 \cdot 9{,}81 \cdot u) = 11{,}8 \cdot v^2 \: / \: u$$

Daraus die *ausgleichende Überhöhung*:

$$\boxed{u_0 = 11{,}8 \cdot v^2 \: / \: r}$$

darin: v in (km/h), r in (m), u in (mm)

Allgemein sind Radius und Überhöhung nur langfristig veränderbare Größen. Die ausgleichende Überhöhung ist, wenn r und u gegeben sind, nur für eine dadurch bestimmte Geschwindigkeit vorhanden. Züge gleicher Gattung, z.B. S-Bahnen, fahren auf gleichen Streckenabschnitten i.a. gleiche Geschwindigkeiten. Verkehren nur Züge mit etwa gleicher Geschwindigkeit auf einer Strecke, kann mit ausgleichender Überhöhung trassiert werden. Dies kann bei S - Bahnstrecken oder Güterzugbahnen (artreiner Verkehr) der Fall sein.

Wenn eine Masse den Gleisbogen mit einer höheren Geschwindigkeit als der Berechnungsgröße für die ausgleichende Überhöhung durchfährt, bleibt eine Zentrifugalbeschleunigung wirksam:

$$\Delta a_r = v^2 \cdot \cos \alpha \: / \: r - g \cdot \sin \alpha$$
dabei v in (m/s), r in (m), g in (m/s^2)

Fur kleine Winkel wird cos α etwa = 1 Mit sin α = u / 1 500 ergibt sich

$$\Delta a_r = v^2 / (r \cdot 3{,}6^2) - 9{,}81 \cdot u / 1\,500$$

$$\boxed{\Delta a_r = v^2 / (12{,}96 \cdot r) - u / 153}$$

dabei v in (km/h), r in (m), u in (mm).

Die Zentrifugalbeschleunigung a_r sollte in nicht großer als 0,65 m/s^2 sein. Der Grenzwert gemaß EBO beträgt 1,0 m/s^2

Beispiel:
Eine S-Bahn Strecke soll mit v = 120 km/h befahren werden. Berechnen Sie die ausgleichende Uberhöhung für einen Gleisbogen mit r = 1 700 m.

Fur die ausgleichende Überhöhung gilt·

$$u_0 = 11{,}8 \cdot v^2 / r$$

$$= 11{,}8 \cdot 120^2 / 1\,700 = 99{,}95 \text{ (mm)}$$

Die Überhöhung wird in der Regel auf die nächste durch fünf teilbare ganze Zahl aufgerundet. Hier: u_0 = 100 mm.

Beispiel:
Auf der gleichen Strecke soll ein Zug mit einer Geschwindigkeit v = 140 km/h verkehren Berechnen Sie die auf diesen Zug wirkende Zentrifugalbeschleunigung.

Der Gleisbogen hat wie in obigem Beispiel einen Radius von r = 1 700 m. Die Uberhohung wurde dort als ausgleichende Uberhohung mit 100 mm berechnet Diese Uberhöhung und der Radius werden beibehalten. Die Geschwindigkeit wurde erhöht. Die Resultierende aus Zentrifugalbeschleunigung und Erdbeschleunigung wird nicht mehr in der Fahrzeugachse liegen.

Es ist eine "überschüssige" Zentrifugalbeschleunigung vorhanden. Diese berechnet man zu

$$\Delta a_r = v^2 / (12{,}96 \cdot r) - u / 153$$
$$= 140^2 / (12{,}96 \cdot 1\,700) - 100 / 153$$
$$= 0{,}89 - 0{,}65 = 0{,}24 \ \text{m/s}^2$$

Die *ausgleichende* Überhöhung beträgt für diese Vorgaben:

$$u_o = 11{,}8 \cdot v^2 / r = 11{,}8 \cdot 140^2 / 1\,700 = 136 \ \text{mm}.$$

Somit besteht zwischen der eingebauten Überhöhung $u = 100$ mm und der für 140 km / h berechneten ausgleichenden Überhöhung $u_o = 136$ mm ein *Überhöhungsfehlbetrag* $u_f = 36$ mm. Dieser bedingt die oben berechnete Zentrifugalbeschleunigung.

Wenn die Geschwindigkeit unter Beibehaltung der geometrischen Größen kleiner als 120 km / h ist, wird die zur Bogeninnenseite gerichtete Komponente der Erdbeschleunigung größer als die entgegengesetzt gerichtete Komponente der Zentrifugalbeschleunigung Die eingebaute Überhöhung ist dann größer als die ausgleichende Überhöhung. Es ist ein *Überhöhungsüberschuß* vorhanden.

Beispiel:
Der Gleisbogen mit $r = 1\,700$ m Halbmesser und der Überhöhung $u = 100$ mm wird mit einer Geschwindigkeit von $v = 80$ km/h befahren. Wie groß ist der Überhöhungsüberschuß ?

Die ausgleichende Überhöhung beträgt.

$$u_o = 11{,}8 \cdot v^2 / r = 11{,}8 \cdot 80^2 / 1\,700 = 44 \ \text{mm}$$

Eingebaut sind 100 mm. Deshalb ist ein Überhöhungsüberschuß von

$$u_u = u - u_o = 100 - 44 = 56 \text{ mm}$$

vorhanden.

Fur diesen Überhöhungsuberschuß u_u kann die Zentrifugalbeschleunigung berechnet werden:

$$\Delta a_r = 80^2 / (12{,}96 \cdot 1\ 700) - 100 / 153 = -0{,}35 \text{ m/s}^2.$$

Das Vorzeichen zeigt, daß die Beschleunigung zur Bogeninnenseite gerichtet ist.

8.5.2 Mindestüberhöhung

Wenn Fahrzeuge schneller fahren, als bei der Berechnung der ausgleichenden Überhöhung u_o unterstellt wurde, dann wird Δa_r mit zunehmender Geschwindigkeit größer. Der Überhöhungsfehlbetrag u_f ist auf 150 mm begrenzt (§ 40 EBO). Auf NBS soll er 110 mm, bei fester Fahrbahn (Kap. 11.6) 170 mm nicht überschreiten. Die Mindestüberhöhung beträgt·

$$\min u = 11{,}8 \cdot \text{zul } v^2 / r - \text{zul } u_f \quad (\text{mm})$$

Daraus läßt sich der Mindestradius berechnen:

$$\min r = 11{,}8 \cdot v^2 / (\min u + \text{zul } u_f)$$

Die zugelassenen Werte für den Überhöhungsfehlbetrag u_f sind in den nachfolgenden Tabellen zusammengestellt (DS 820).

Betriebsart	r < 650 m	r ≥ 650 m
Güterzüge	≤ 130	≤ 130
Reisezüge	≤ 130	≤ 150

- in Zwangspunkten darf u_f > 130 mm nicht angewendet werden. Zwangspunkte sind Übergange zwischen Fahrbahn mit Bettung und Fahrbahn ohne Bettung sowie befestigte Bahnübergange.

Tabelle 14: Zulässiger Überhöhungsfehlbetrag u_f (mm) in Gleisen

	v in km/h			
	v≤120	120<v≤160	160<v≤200	200<v≤300
1 Bogenweichen mit feststehenden Herzstückspitzen im Innenstrang	< 110		< 90	--
2 Bogenweichen mit feststehenden Herzstückspitzen im Außenstrang	≤ 110	≤ 100	≤ 60	--
3 Bogenkreuzungen und Bogenkreuzungsweichen	≤ 100		--	--
4 Bogenweichen mit beweglichen Herzstückspitzen	--	≤ 130		≤ 60
5 Schienenauszüge im Bogen	≤ 100			≤ 60

Tabelle 15: Zulässiger Überhöhungsfehlbetrag u_f (mm) in Weichen, Kreuzungen und Schienenauszügen.

8.5.3 Regelüberhöhung

Die Trassierung soll mit Regelwerten erfolgen Der Regelradius sollte etwa 1,25 · min r betragen. Die Werte der Tabelle 13 sind zu beachten.

Die Regelüberhöhung soll einer wirtschaftlichen und zugigen Betriebsabwicklung dienlich sein. Bei ihrer Festsetzung unterscheidet man nach Verkehrsarten und Geschwindigkeitsbereichen. Die Regeluberhöhung beträgt bei Strecken mit Personenverkehr und Guterverkehr bis etwa 10 000 t/Tag·

$v < 120$	$120 < v < 160$	$160 < 200$
$7,1 . \text{zul } v^2/r$	$6,5 · \text{zul } v^2/r$	$5,9 · \text{zul } v^2/r$

Tabelle 16: Regelüberhöhung für Strecken mit Mischbetrieb

In Tabelle 17 sind Regelüberhöhungen für $v \leq 120$ km/h und in Tabelle 18 Regelüberhöhungen für $120 < v < 200$ km/h aufgeführt.

Die Regelüberhöhung beträgt bei NBS

$$\text{reg } u = 7,1 · \text{zul } v_e^2 / r.$$

Dabei sollte $\qquad r = 0,07 · v_e^2 \qquad$ sein.

Die Regelüberhöhung ist auf eine durch fünf teilbare, ganze Zahl aufzurunden

Rechnerisch kann die Regelüberhöhung kleiner sein als die Mindestüberhöhung. In einem derartigen Fall ist die Mindestüberhöhung maßgebend.

| Geschwindigkeit (km / h) | | | | | | | | |
r [m]	40	50	60	70	80	90	100	110	120
5 000									20
4 000							20	20	25
3 000						20	25	30	35
2 500					20	25	30	35	40
2 000					25	30	35	45	50
1 800				20	25	30	40	50	55
1 700				20	25	35	40	50	60
1 600				20	30	35	45	55	65
1 400			20	25	30	40	50	60	75
1 200			20	30	40	50	60	70	85
1 100			25	30	40	50	65	80	95
1 000		20	25	35	45	60	70	85	100
900		20	30	40	50	65	80	95	115
800		20	30	45	55	70	90	105	130
700		25	35	50	65	80	100	125	145
600	20	30	45	60	75	95	120	145	
500	25	35	50	70	90	115	140		
400	30	45	65	85	115	145			
300	40	60	85	115	150				

Tabelle 17: Regelüberhöhung für $v \le 120$ km / h

Beispiel:

Ein Gleisbogen mit Radius $r = 1\ 700$ m soll bei gemischtem Betrieb mit einer Geschwindigkeit $v = 200$ km/h befahren werden. Die Überhöhung ist zu bestimmen.

Die Regelüberhöhung beträgt:

$$\text{reg } u = 5{,}9 \cdot \text{zul } v^2 / r = 5{,}9 \cdot 200^2 / 1\ 700 = 139 \text{ mm.}$$

Gerundet: $\text{reg } u = 140$ mm. Für diese Überhöhung beträgt $u_f = 137$ mm.

Die Mindestüberhöhung ist.

$$\min u = 11{,}8 \cdot \text{zul } v^2 / r - \text{zul } u_f = 11{,}8 \cdot 200^2 / 1\ 700 - 130 = 148 \text{ mm.}$$

In diesem Fall ist die Mindestüberhöhung min u = 148 mm maßgebend. Dieser Wert ist auf die nächste durch funf teilbare ganze Zahl aufzurunden. Gewählt: u = 150 mm. Dieser Wert ist kleiner als der Grenzwert der Planung gem. EBO von 160 mm

r	Geschwindigkeit (km / h)									
	130		140		150		160		200	
[m]	6,5	7,1	6,5	7,1	6,5	7,1	6,5	7,1	5,9	7,1
5 000	20	25	25	30	30	30	35	35	45	55
4 000	25	30	30	35	35	40	40	45	60	70
3 000	35	40	40	45	50	55	55	60	80	95
2 400	45	50	55	60	60	65	70	75	100	120
2 000	55	60	65	70	75	80	85	90	120	140
1 800	60	65	70	75	80	90	90	100		
1 700	65	70	75	80	85	95	100	105		
1 600	70	75	80	85	90	100	105	115		
1 400	80	85	90	100	105	115	120	130		
1 200	90	100	105	115	120	135	140	150		
1 100	100	110	115	125	135	145	150			
1 000	110	120	125	140	145					
900	120	135	140							
800	135	150								

Tabelle 18: Regelüberhöhungen bei örtlich zulässigen Geschwindigkeiten
$120 < v \leq 200$ km/h (zul u_f = 130 mm)

8.5.4 Zulässige Überhöhung

Die zulassige Überhöhung darf in Abhangigkeit von der Beschaffenheit des Oberbaus, von der Bauart der Fahrzeuge sowie von der Ladung und deren Sicherung unter Einbeziehung der sich im Betrieb einstellenden Abweichungen 180 mm nicht überschreiten (§ 6 EBO) Überhöhungen sollen nur bis 160 mm geplant werden.

Bei Neubaustrecken beträgt die zulassige Uberhöhung

　　　　　in Gleisen mit Schotterbett:　　　　max u = 160 mm,

　　　　　in Gleisen mit fester Fahrbahn:　　　max u = 170 mm

Die Überhöhung soll in Gleisen mit gemischtem Betrieb bei Geschwindigkeiten v > 160 km/h und in Gleisen mit Güterverkehr > 60 000 t / Tag nicht größer als 120 mm sein.

Bei Radien r < 300 m darf die Überhöhung bei Neu- und Umbauten nicht größer geplant werden als.

$$u = (\, r - 50 \,) \, / \, 1{,}5$$

In Weichen und an Bahnsteigen soll die Überhöhung nicht größer als 100 mm sein.

Stoßen in einem Bogen zwei verschiedene Radien direkt aneinander, dann wird dieser als Korbbogen bezeichnet. In Korbbogen soll eine gleichmäßige Überhöhung angewendet werden, wenn die Regelüberhöhungen in den einzelnen Bogenteilen nicht wesentlich voneinander abweichen.

Liegt in einem mehrgleisigen Gleisbogen ein Bahnübergang, dann sollen die Gradienten und Überhöhungen derart gewählt werden, daß alle Schienen in einer Ebene liegen.

8.6 Überhöhungsrampe

Unterschiedliche Überhöhungen sind durch Überhöhungsrampen herzustellen. Der Punkt mit der kleinsten Überhöhung wird als Rampenanfang (RA), der mit der größten Überhöhung als Rampenende (RE) bezeichnet.

Die Überhöhungsrampen können im Aufriß gerade oder S - förmig geschwungen gestaltet werden. Die gerade Rampe ist die Regelausführung.

8.6.1 Gerade Überhöhungsrampe

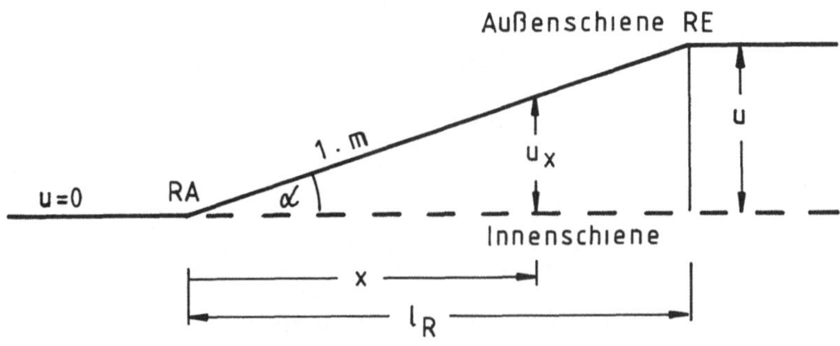

Bild 24. Gerade Überhöhungsrampe

Die in Bild 24 dargestellte Rampe vermittelt den Übergang von der Überhöhung 0 bis u durch eine linear steigende Gerade. Die Überhöhung wachst in der Rampe proportional zur Entfernung.

$$u : l_R = u_x \cdot x = 1 : m = \tan \alpha$$

$$u_x = u \cdot x / r = x / m \quad (u \text{ in } m).$$

Die Neigung der geraden Rampe soll in der *Regel*

$$1 : m = 1 . 10 \; zul \; v \quad \text{betragen.}$$

Bei beengten Verhaltnissen ist

$$1 : m = 1 . 8 \; zulv,$$

in Ausnahmefällen bis

$$1 . 6 \; zul \; v, \qquad \text{zulässig.}$$

Die Rampenneigung darf planmäßig nicht größer als $1 \cdot 400$ sein. Bei Neubauten soll die Rampenneigung nicht größer als $1 : 600$ geplant werden.

Die Regellänge der geraden Rampe betragt.

$$u : l_R = 1 . m = 1 . 10 \; zul \; v$$

und daraus:

$$\boxed{l_R = u \cdot 10 \; zul \; v \, / \, 1\,000}$$

$$\text{mit } l_R \text{ in m, } u \text{ in mm und } v \text{ in km/h.}$$

Da die Rampenneigung $1 . 400$ nicht überschritten werden soll, ergibt sich die Rampenlänge für Geschwindigkeiten ≤ 40 km/h:

$$l_R = 400 \cdot u \, / \, 1\,000$$

Wenn der angegebene Regelwert für die Rampenlänge nicht erreicht werden kann, dürfen kleinere Längen vorgesehen werden Folgender Mindestwert der Rampenlänge darf nicht unterschritten werden.

$$\min l_R = u \; 8 \; zul \; v \, / \, 1\,000 \geq 0{,}4 \cdot zul \; v.$$

Bei Anschlußbahnen darf die Rampenneigung 1 : 300 betragen. Damit ergibt sich für eine Geschwindigkeit $v \leq 25$ km/h die Rampenlänge.

$$l_R = 300 \cdot u / 1\,000$$

Der Neigungshöchstwert der Überhöhungsrampen gemäß BO - Strab betragt:

$$1 \cdot m = 1 : 6 \text{ zul } v, \text{ höchstens } 1 : 300.$$

Bei allen Bahnen sollen RA und RE mit Anfang und Ende des Übergangsbogens (s. Kap. 8.7) zusammenfallen. Unter Umständen kann die Länge des Übergangsbogens für die Rampenlänge maßgebend sein.

Zwischen zwei geraden Überhöhungsrampen muß ein Gleisabschnitt ohne oder mit gleichbleibender Überhöhung mit einer Mindestlange von

$$l_g = 0{,}1 \cdot \text{zul } v \quad (l_g \text{ in m, v in km/h})$$

vorhanden sein. Es ist aber eine Länge von

$$\boxed{l = 0{,}4 \cdot \text{zul } v}$$

anzustreben.

In der Regel wird die Überhöhungsrampe hergestellt, indem die überhöhte Schiene gegen die nicht überhöhte gehoben wird. Eine Ausnahme gibt es hierbei, wenn es sich um einen Gegenbogen handelt, bei dem die Übergangsbogen aneinander stoßen. In diesem Fall wird die eine Schiene um den gleichen Betrag gehoben, um den die andere Schiene gesenkt wird. Diese Konstruktion wird als Gleisschere bezeichnet.

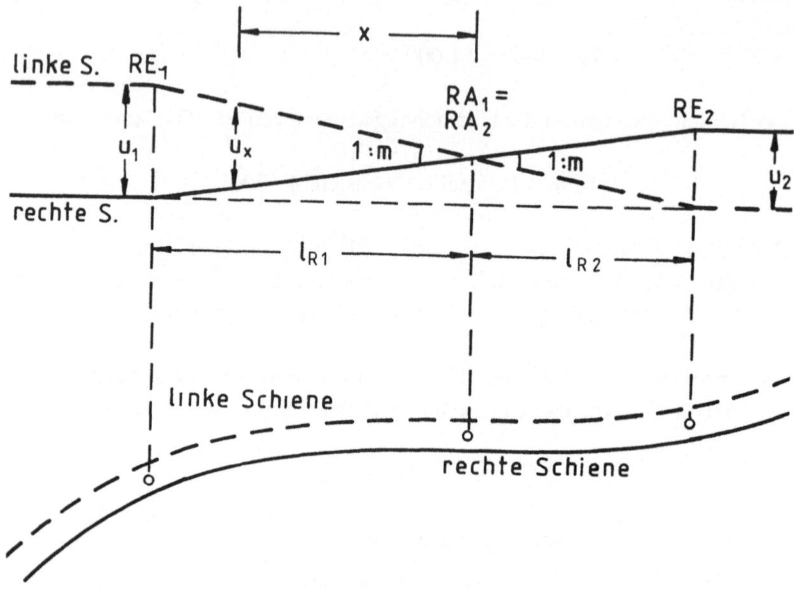

Bild 25· Rampenbild und Grundrißbild einer Gleisschere

Die Überhöhung u_1 wird stetig in die Überhöhung u_2 übergeleitet.
Nach Bild 25 verhält sich

$$1 : m = u_1 \cdot l_{R1} = u_2 \; l_{R2}$$

Sind die Überhöhungen u_1 und u_2 gegeben, dann wird für eine Uberhöhung die Rampenlange berechnet. Mit diesen drei Werten kann die Länge der zweiten Rampe ermittelt werden. Es ist

$$l_{R2} = l_{R1} \cdot u_2 / u_1$$

Die Rampen verlaufen von RE_1 bis RE_2 geradlinig. Die Überhöhung im Punkt x beträgt:

$$u_x = x \cdot u \, / \, l_R$$

8.6.2 Geschwungene Überhöhungsrampe

Geschwungene Rampen sind im Aufriß S - förmig ausgebildet. Diese Rampenform darf nur bei höheren Geschwindigkeiten und bei Uberhöhungen von mehr als 40 mm ausgefuhrt werden, wenn eine gerade Rampe nicht mit der Regellänge hergestellt werden kann.

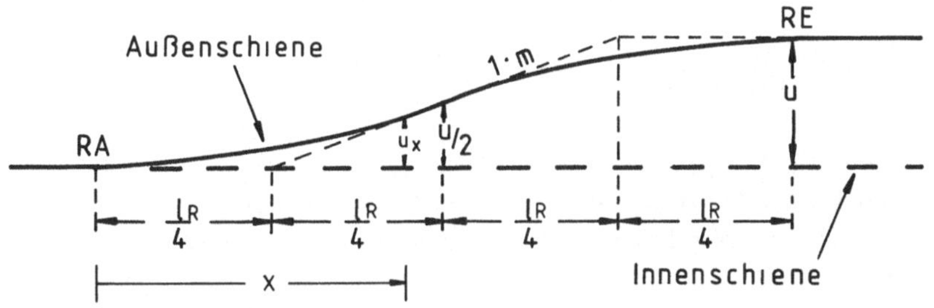

Bild 26: S - förmig geschwungene Überhöhungsrampe

Das Rampenbild wird aus zwei spiegelgleichen quadratischen Parabeln gebildet. Für die erste Hälfte der Rampe von x = 0 (RA) bis $x = l_R \, / \, 2$, ist·

$$u_x = C \cdot x^2$$

Für $x = l_R \, / \, 2$ wird:

$$u_x = u \, / \, 2 = C \cdot l_R^2 \, / \, 4 \qquad \text{oder } C = 2\, u \cdot l_R^2$$

Für die erste Hälfte der Rampe lautet die Gleichung somit·

$$u_x = 2\,u \cdot x^2 / l_R^2 \quad (\text{von } x = 0 \text{ bis } x = l_R / 2)$$

Für die zweite Hälfte, die spiegelgleich zur ersten ist, gilt:

$$u_x = u - (2\,u / l_R^2) \cdot (l_R - x)^2$$
$$(\text{für } x = l_R / 2 \text{ bis } x = l_R).$$

In der Rampenmitte beträgt die

- Regelneigung $1 : m_M = 1 : 5$ zulv
- Neigung bei beengten Verhältnissen $1 : m_M = 1 : 4$ zul v .

In beiden Fallen darf die Neigung nicht steiler als 1 : 400 sein. Bei Neubauten soll 1 : 600 nicht überschritten werden.

Die steilste Rampenneigung tritt in der Mitte der Rampe auf, und zwar nur in diesem einen Punkt. Die Neigungslinie ist hier gleichzeitig Tangente, die die Auftragslinie unter dem Winkel α schneidet. Da die Rampe aus zwei Parabeln gebildet wird, schneidet die Tangente gleiche Teile $l_R / 4$ auf der Auftragslinie ab.

Die Neigung in Rampenmitte beträgt

$$\tan \alpha = 1 : m = (u / 2) : (l_R / 4) = 1 / 5 \text{ zul v.}$$

Daraus ergibt sich die *Regellänge der geschwungenen Rampe* zu:

$$\boxed{l_R = 10 \cdot u \cdot \text{zul } v / 1\,000}$$

l_R in m, u in mm, v in km/h

Mit der bei beengten Verhältnissen zulässigen Neigung von 1 : 4 zul v beträgt die Länge der Rampe:

$$\min l_R = 8 \cdot u \cdot \text{zul } v \,/\, 1\,000 \geq 0,4 \text{ zul } v.$$

Bei S - formig geschwungenen Rampen durfen RA und RE unmittelbar aneinanderstoßen. RA und RE sollen mit Anfang und Ende des Übergangsbogens (Kap. 8 7) zusammenfallen. Unter Umstanden kann die Länge des Übergangsbogens für die Rampenlange maßgebend sein.

Im Bereich von Überhöhungsrampen sind die Überhohungen für alle runden 5 m Stationspunkte der Kilometrierung anzugeben. Wenn keine beengten Verhältnisse vorliegen, kann es für die Berechnung der Überhöhungen zweckmaßig sein, l_R auf eine durch 5 teilbare Zahl aufzurunden.

Bei der geraden Überhöhungsrampe ergeben sich bei RA und RE theoretisch Knicke. Diese werden durch die Werkstoffeigenschaften der Schiene bereits beim Verlegen ausgerundet. Dieses Ausrunden schreitet unter den Betriebseinflussen fort. Der Vorteil der geschwungenen Rampe liegt somit nicht in der planmäßigen Ausrundung von RA und RE Er wird erst bei Betrachtung des jeweils der Rampenform zugehörigen Ubergangsbogens sichtbar. Die Verschiebung des Kreisbogens gegenüber der Tangente, welche erforderlich ist, um den Übergangsbogen einlegen zu können, ist bei einem Übergangsbogen mit geschwungener Krümmungslinie nur halb so groß wie bei dem Ubergangsbogen mit gerader Krummungslinie (s. Kap. 8.7).

8.7 Übergangsbogen

Wenn ein Gleisbogen unmittelbar an eine Gerade anschließt, kann der in Bild 27 dargestellte Verlauf der Zentrifugalbeschleunigung unterstellt werden. Theoretisch ist die Zentrifugalbeschleunigung im Bogenanfang (BA) in voller Größe vorhanden. Die Zentrifugalbeschleunigung pro Zeiteinheit wird als Seitenruck bezeichnet. Je kleiner der auf eine Gerade folgende Radius eines Bogens ist, um so größer wird - bei gleichbleibender Geschwindigkeit - die Zentrifugalbeschleunigung. Dies gilt für den Ruck im Bogenanfang.

Die Zentrifugalbeschleunigung beträgt:

$$a_r = v^2 / r$$

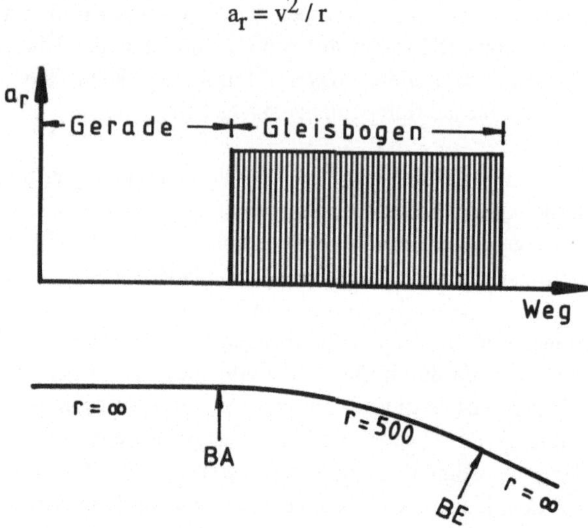

Bild 27: Zentrifugalbeschleunigung in der Geraden und im
unmittelbar anschließenden Gleisbogen

Der Wert 1/r wird als Krümmung k bezeichnet. Die Krümmung wird im Maßstab k = 1 000 / r dargestellt. Der Verlauf der Krümmung und der Zentrifugalbeschleunigung sind ähnlich. Wird der Radius unmittelbar verändert, entsteht ein Krümmungssprung Δk.

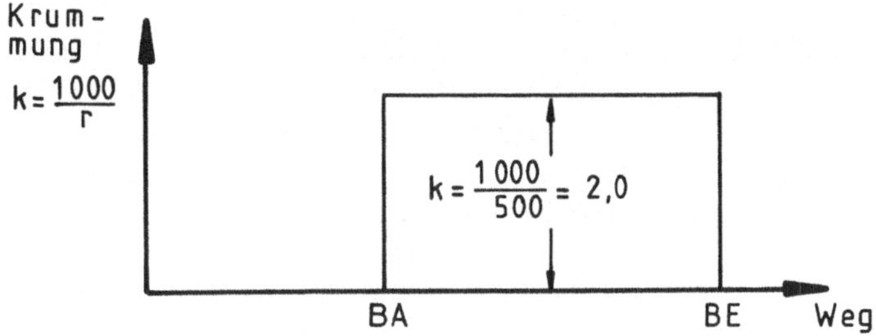

Bild 28: Krummungsbild Gerade - Gleisbogen - Gerade

Der Krümmungssprung Δk in BA bzw. BE kann vermieden werden, wenn ein Ubergangsbogen eingelegt wird, dessen geometrische Form eine langsame Zunahme der Krümmung gewährleistet Bei einer derartigen Trassierung ist kein Ruck vorhanden.

Grundriß	Krümmungsbild	Beschreibung
 $R = \infty$ r_2	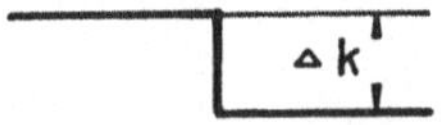 Δk	Gerade und Bogen folgen unmittelbar aufeinander.
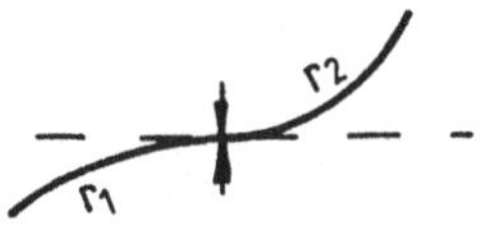 r_2 r_1	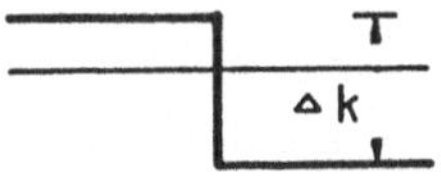 Δk	Zwei Bögen mit entgegengesetzter Krümmung.
 r_1 r_2	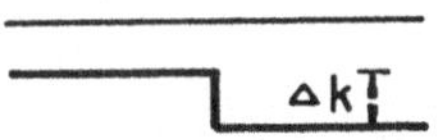 Δk	Zwei Bögen mit gleichgerichteter Krümmung. $r_1 \neq r_2$

Bild 29: Trassierungsbeispiele mit Krümmungsbildern

Ob der Einbau eines Übergangsbogens erforderlich ist (Mindestanordnung), wird nach den in Tabelle 19 aufgeführten Kriterien entschieden Neben der Geometrie ist die zulässige Geschwindigkeit eine wesentliche Größe. Diese bestimmt die Größe der Zentrifugalbeschleunigung maßgebend. In Tabelle 20 sind die Kriterien aufgeführt, nach denen in durchgehenden Hauptgleisen Übergangsbögen angeordnet werden *sollen* (Regelanordnung).

Bei Gegenbögen soll zwischen den Übergangsbögen eine Gerade von $l_g \geq 0{,}4\,v$ (m) angeordnet werden. Davon ist die Gleisschere ausgenommen.

Geschw. (km/h)	$v \leq 100$	$100 < v \leq 160$	$v > 160$
Grundriß	K r i t e r i e n		
$\bar{R} = \infty$	$r < \dfrac{\text{zul } v^2}{9}$	$r < \dfrac{\text{zul } v^2}{7}$	$r < \dfrac{\text{zul } v^2}{4}$
1* / 2*	$\Delta k > \dfrac{9\,000}{\text{zul } v^2}$	$\Delta k > \dfrac{7\,000}{\text{zul } v^2}$	$\Delta k > \dfrac{4\,000}{\text{zul } v^2}$

Tabelle 19· Kriterien für die Anordnung von Übergangsbögen
(Mindestanordnung) Erlauterung zu * s. Tab. 20, Seite 93

Bei Neubaustrecken mit $v_e = 300$ km/h sind Übergangsbögen anzuordnen, wenn $\Delta k > 2\,000 / v_e^2$.

Der Krümmungsverlauf im Übergangsbogen soll dem Überhöhungsverlauf in der Überhöhungsrampe entsprechen. Der geraden Überhöhungsrampe ist ein Übergangsbogen mit gerader Krümmungslinie, der S- förmig geschwungenen

Rampe ist ein Übergangsbogen mit entsprechend geschwungener Krümmungslinie zuzuordnen.

Der Übergangsbogen soll mit der Überhöhungsrampe zusammenfallen (UA = RA, UE = RE). Beide Elemente sind also gleich lang. Im allgemeinen ist die Rampenlänge maßgebend.

Grundriß	Kriterium
R = ∞ r_2	$r < \dfrac{v_e^2}{4}$
1* r_2 r_1	
r_1 r_2 2*	$\Delta k > \dfrac{4\ 000}{v_e^2}$

$$1^* \quad \Delta k = \frac{1\ 000}{r_2} + \frac{1\ 000}{r_1}$$

$$2^* \quad \Delta k = \frac{1\ 000}{r_2} - \frac{1\ 000}{r_1}$$

$$r_1 > r_2$$

Tabelle 20: Regelanordnung von Übergangsbögen

8.7.1 Übergangsbogen mit gerader Krümmungslinie

Bei dieser Form des Übergangsbogens verläuft die Krümmung linear von null bis zur Krümmung des anschließenden Kreisbogens. Der Punkt mit der kleinsten Krümmung wird als Übergangsbogenanfang (UA), der mit der größten Krümmung als Übergangsbogenende (UE) bezeichnet.

Im Krümmungsbild wird ein Rechtsbogen oberhalb, ein Linksbogen unterhalb der Grundlinie aufgetragen. Die Bogenrichtung versteht sich im Sinne der fortlaufenden Kilometrierung der Strecke.

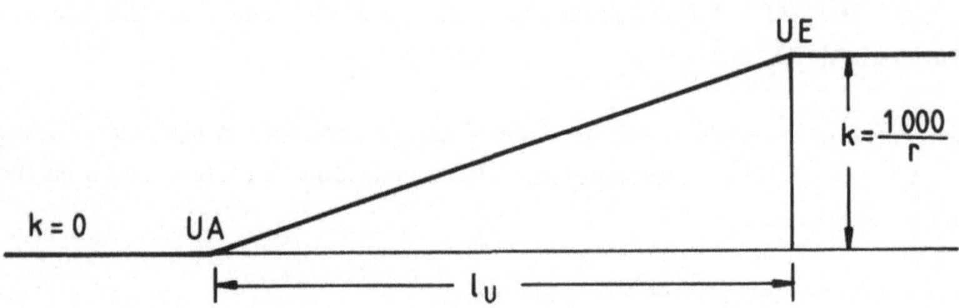

Bild 30. Krümmungsbild eines Übergangsbogens mit
gerader Krümmungslinie

Die Forderung eines linearen Krümmungsverlaufes über die gesamte Kurven-
länge erfüllt die Klothoide (k = c · L) Die Klothoide ist eine Spirale (Bild 31).
Im allgemeinen wird für die Trassierung von Übergangsbögen nur das
Anfangsstück der Klothoide verwendet.

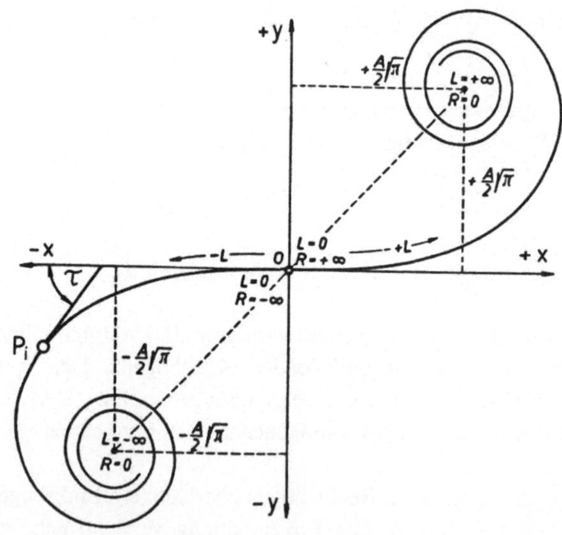

Bild 31: Die Klothoide

Das Bildungsgesetz der Klothoide lautet:

$$L \cdot r = A^2$$

Wird der Radius in dem Kurvenpunkt, der den Abstand L vom Kurvenanfang hat, mit diesem Abstand L multipliziert, dann ergibt sich das Quadrat des Parameters A. Dieser hat die Funktion eines Vergrößerungsfaktors. Die Einheitsklothoide hat den Parameter $A = 1$.

Der zu wählende Parameter der Klothoide ist vom Radius des anschließenden Bogens abhängig. In UE sollen Klothoide und Kreis eine gemeinsame Tangente haben Der Winkel, unter dem sich die Tangenten in UA und P_i schneiden, heißt τ. Mit diesem Winkel errechnet sich der Parameter der Klothoide zu:

$$A^2 = 2 \cdot \tau \cdot r^2 / 63{,}662 \qquad\qquad (\tau \text{ in gon})$$

Die Absteckmaße der Klothoiden sind in Tafeln tabelliert.

Eine weitere Kurvenform mit linearem Krümmungsverlauf ist die kubische Parabel.

$$y = x^3 / (6 \cdot r \cdot l_u)$$

dabei : r = Radius in UE, l_u = Projizierte Länge des Ubergangsbogens.

Die Endordinate der kubischen Parabel beträgt.

$$y_{UE} = l_u^2 / 6\,r$$

Der Unterschied zwischen Klothoide und kubischer Parabel besteht darin, daß die Krummung der Klothoide linear zur Bogenlänge ($k = c \cdot L$), die Krümmung der kubischen Parabel aber linear zur Abszissenlänge x, also zur Projektion der Bogenlänge auf die Abszisse ($k = c \cdot x$), verläuft.

Wird als Übergangsbogen eine kubische Parabel eingebaut, dann tritt gegenüber dem anschließenden Kreis in UE ein Krümmungssprung auf Bis zu Übergangsbogenlängen von etwa $l_u = r / 3{,}5$ ist die Krummungsdifferenz hinzunehmen

Der Übergangsbogen mit gerader Krümmungslinie soll in der Länge der zugehörigen Uberhohungsrampe ausgeführt werden. Die Länge des Übergangsbogens beträgt mindestens:

$$l_u = 4 \cdot \text{zul } v \cdot \Delta u_f / 1\,000$$

l_u in m, zul v in km/h, u_f in mm

Beim Übergang Gerade - Kreisbogen ist

$$\Delta u_f = 11{,}8 \cdot \text{zul } v^2 / r - u$$

und bei Korbbögen:

$$\Delta u_f = (\, 11{,}8 \cdot \text{zul } v^2 / r_2 - u_2 \,) - (\, 11{,}8 \cdot \text{zul } v^2 / r_1 - u_1 \,)$$

mit $r_1 > r_2$.

Um den Übergangsbogen einlegen zu können, muß der Kreis von der Tangente um das Maß f abgeruckt werden Das Abrückmaß beträgt:

$$f = l_u{}^2 / 24\,r$$

Der fiktive Bogenanfang (BA) zwischen Endtangente und verlängertem Kreisbogen teilt den Übergangsbogen in zwei gleiche Teile. UA liegt von diesem Punkt in der Entfernung $l_u / 2$ auf der Endtangente, UE in gleicher Entfernung auf dem abgeruckten Gleisbogen

Bei NBS soll der Übergangsbogen, der stets mit gerader Krummungslinie zu planen ist, eine Länge von

$$l_u = 10 \cdot v_e \cdot \Delta u \, / \, 1\,000 \; (m),$$

in Ausnahmefällen:

$$l_u = 8 \cdot v_e \cdot \Delta u \, / \, 1\,000 \; (m) \qquad\qquad \text{aufweisen}$$

In Bild 32 sind Rampen-, Krümmungs- und Grundrißbild sowie die wichtigsten Absteckmaße für die gerade Überhöhungsrampe und einen Übergangsbogen in Form einer kubischen Parabel zusammengestellt.

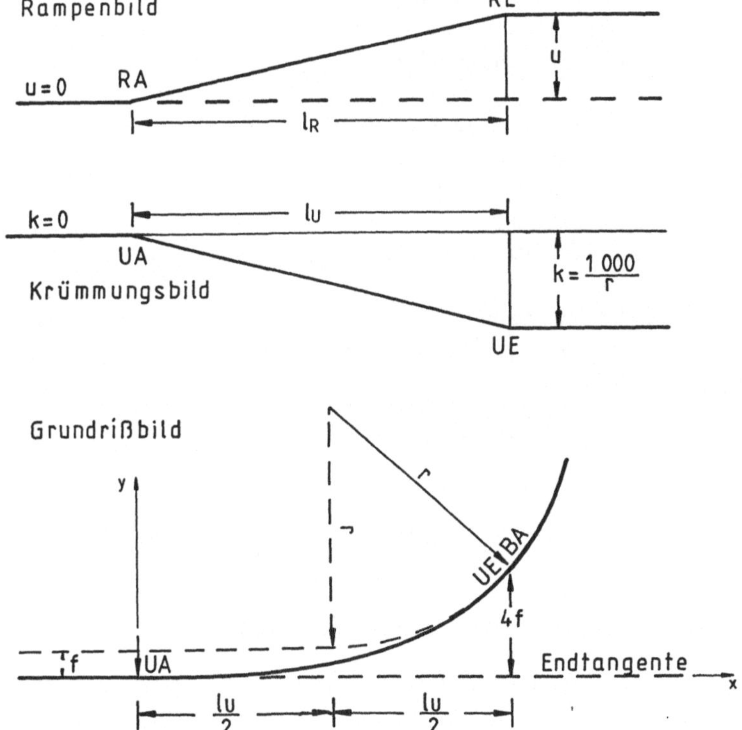

Bild 32: Rampen-, Krümmungs- und Grundrißbild eines Übergangsbogens in Form einer kubischen Parabel mit wesentlichen Absteckmaßen.

Absteckmaße der kubischen Parabel von der Endtangente:
allgemein:

$$y = x^3 / (6 \cdot r \cdot l_u)$$

für $x = l_u / 2$: $y = l_u^2 / 48\, r = f / 2$

für $x = l_u$: $y = l_u^2 / 6\, r = 4\, f$

8.7.2 Übergangsbogen mit geschwungener Krümmungslinie

Das geschwungene Krümmungsbild kann

      - S - förmig (Schramm, 2 quadratische Parabeln),
      - sinusförmig oder
      - geschwungen nach Bloss

ausgebildet sein. Bei der DB werden alle drei Formen angewandt.

Die S - förmige Krümmungslinie wird aus zwei zu $x = l_u / 2$ spiegelgleichen quadratischen Parabeln gebildet. Die geschwungene Überhöhungsrampe wurde in Kap. 8.6.2 besprochen.

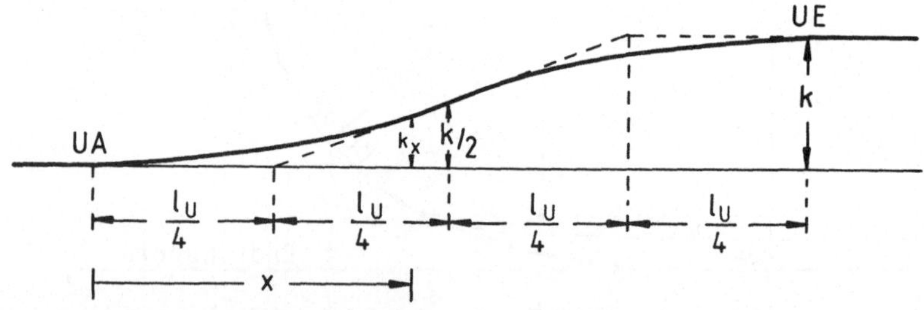

Bild 33: Krümmungsbild eines Übergangsbogens mit geschwungener
         Krümmungslinie

Die Krümmung beträgt:
$$k = C \cdot x^2.$$

Für $x = l_u / 2$ wird:
$$k = 1 / 2\,r = C \cdot l_u^2 / 4$$

und damit:
$$C = 2 / (l_u^2 \cdot r)$$

Somit beträgt die Krümmung für $0 < x < l_u / 2$:

$$k = 2 \cdot x^2 / (l_u^2 \cdot r)$$

Im Grundriß ergibt sich dazu von $x = 0$ bis $x = l_u / 2$ eine Parabel 4. Grades:

$$y = x^4 / (6\,r \cdot l_u^2)$$

Der zweite Teil des Übergangsbogens wird von $x = l_u$ bis $x = l_u / 2$ von dem über UE bis $l_u / 2$ hinaus verlängerten Kreisbogen aus abgesteckt (s. Bild 33).

Das Abrückmaß des Kreisbogens von der Endtangente in $x = l_u / 2$ betragt:

$$f = l_u^2 / 48\,r$$

Es ist halb so groß wie das Abrückmaß des Übergangsbogens mit gerader Krümmungslinie.

Übergangsbogen und Rampe sollen gleich lang sein (UA = RA, UE = RE), mindestens aber:

$$lu = 6 \cdot zul\ v \cdot (\Delta u_f / 1\ 000)$$
$$\text{(Berechnung } \Delta u_f \text{ siehe Kap.: 8.7.1)}$$

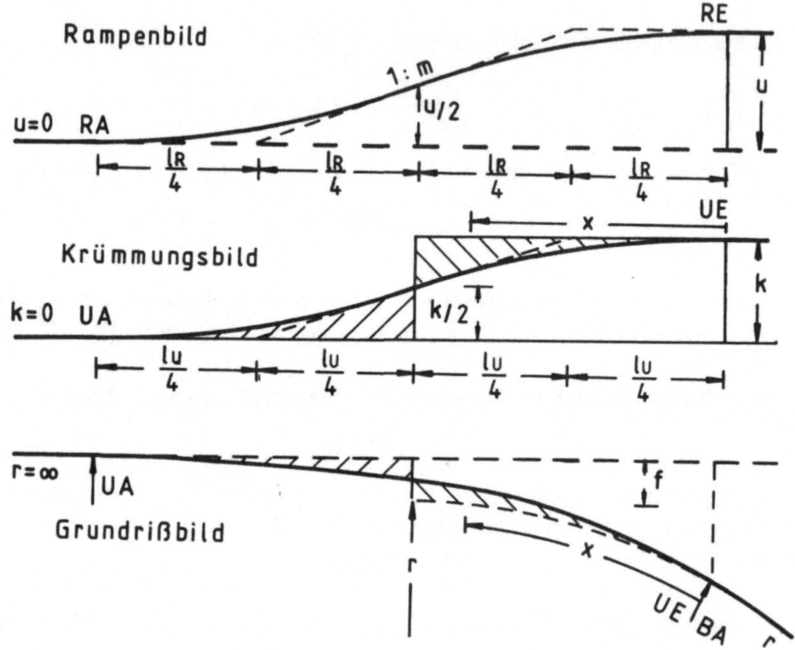

Bild 34: Rampen-, Krümmungs- und Grundrißbild einer geschwungenen Überhöhungsrampe

8.7.3 Übergangsbogen bei Gegenbögen

Bei Gegenbögen sollen zwei getrennte Übergangsbögen mit gerader Krümmungslinie hergestellt werden. Zwischen den Anfängen der Übergangsbögen soll eine Gerade mit der Länge $l_g = 0,4\ v_e$ eingebaut werden. Folgen die Gegenbögen so direkt aufeinander, daß eine Zwischengerade nicht mit vorgenannter Länge eingebaut werden kann, dann ist Krümmung k_1 geradlinig in die Krümmung k_2 des Gegenbogens zu überführen. Die Länge der Übergangsbögen entspricht der Länge der Scherenrampe (vgl. Kap. 8 6.1).

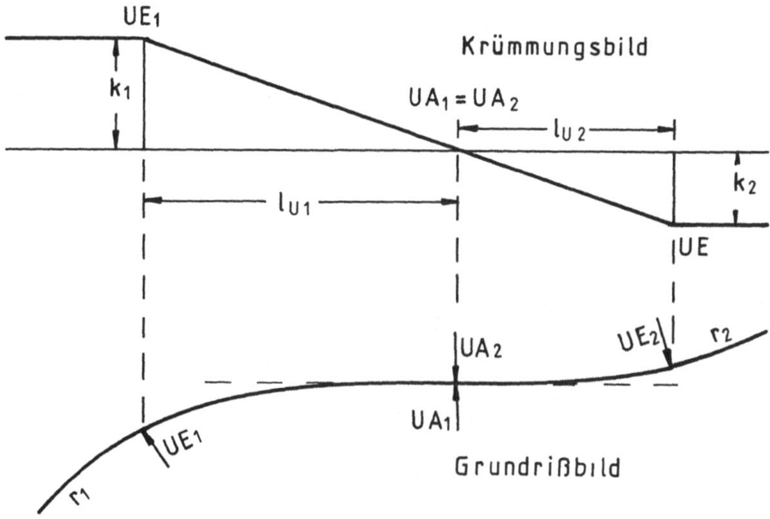

Bild 35: Gleisschere mit geradlinigem Krümmungsverlauf

Bei S - förmigen Krümmungslinien nach Schramm und bei geschwungenen Krümmungslinien nach Bloss sind zwei getrennte Übergangsbogen herzustellen, die mit ihren Anfängen unmittelbar aneinander stoßen.

8.8 Gleisverziehungen

Eine Gleisverziehung ist eine Richtungsänderung von Gleisen, um den Gleisabstand zwischen parallel verlaufenden Gleisen zu verändern. Die Veränderung des Gleisabstandes wird mit Δe bezeichnet Die Gleisverziehung kann in geraden oder in gekrummten Gleisen eingebaut werden.

Eine *Gleisverziehung zwischen geraden Gleisen* sollen ohne Überhohung und ohne Ubergangsbogen mit Radien

$$r = v_e^2 / 2$$

und mit einer Zwischengeraden mit der Länge

$$l_g \geq 0,4 \, v_e \, (m)$$

hergestellt werden.

Im allgemeinen wird nur ein Gleis verzogen. Bei großem Δe kann in beide Gleise eine Verziehung eingebaut werden. Wegen der großen Radien der Gleisbogen muß die Länge der Bogenelemente von $1 = 0,4 \, v$ hier nicht eingehalten werden.

Die Regellange der Verziehung beträgt

$$l_{vz} = (4 \cdot \Delta e \cdot r + l_g^2)^{1/2}$$

Bei NBS ($v_e = 300$ km/h) sind Gleisverziehungen bei geraden, parallelen Gleisen mit Kreisbögen *und* Zwischengeraden zu planen. Dabei ist.

$$r \geq v_e^2 / 2 \, (m) \quad \text{und} \quad l_g > 0,4 \, v_e \, (m).$$

Beispiel:

Der Gleısabstand einer geraden Strecke, die mit v = 140 km/h befahren werden kann, soll von 4,00 m auf 4,50 m vergroßert werden. Die Radien und dıe Länge der Gleisverziehung sind zu berechnen, das Krummungsbıld des verzogenen Gleises ıst darzustellen (qualitativ).

1. Radius der Gleisverziehung:

$$r = v_e^2 / 2 = 140^2 / 2 = 9\ 800 \text{ m.}$$

2. Länge der Zwischengeraden·

$$l_g = 0{,}4 \cdot v_e = 0{,}4 \cdot 140 = 56 \text{ m.}$$

3. Regellänge der Verziehung:

$$l_{vz} = (4 \cdot \Delta e \cdot r + l_g^2)^{1/2} = (4 \cdot 0.5 \cdot 9\ 800 + 56^2)^{1/2} = 150{,}78 \text{ m.}$$

4. Krummungsbıld (qualitativ):
(Aufweıtung in Richtung der Kilometrierung von links nach rechts)

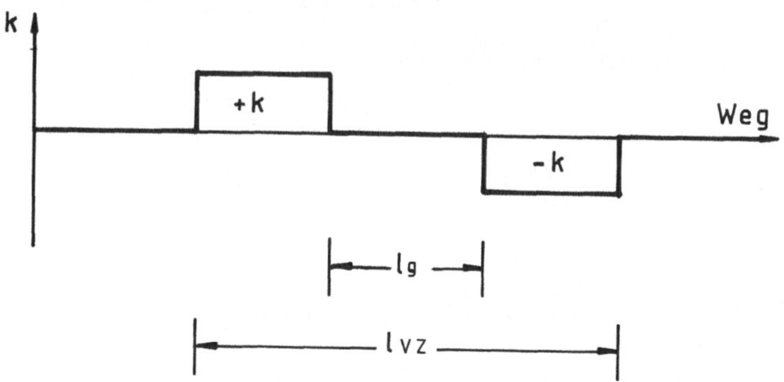

Erfolgt die *Gleisverziehung zwischen konzentrischen Gleisbögen,* dann ist ein mehrteiliger Korbbogen (= gleichsinnige Änderung des Radius ohne Übergangsbogen) einzuschalten Bei derartigen unvermittelten Krümmungswechseln soll der Krümmungssprung nicht größer sein als

$$\Delta k = 2\,000 \,/\, v_e^2$$

Daraus folgen die Mindestwerte für die Radien und für die Verziehungslänge:

$$r = v_e^2 \,/\, 2 \quad \text{und}$$

$$l_{vz} = v_e \cdot 2 \; (\Delta e)^{1/2}.$$

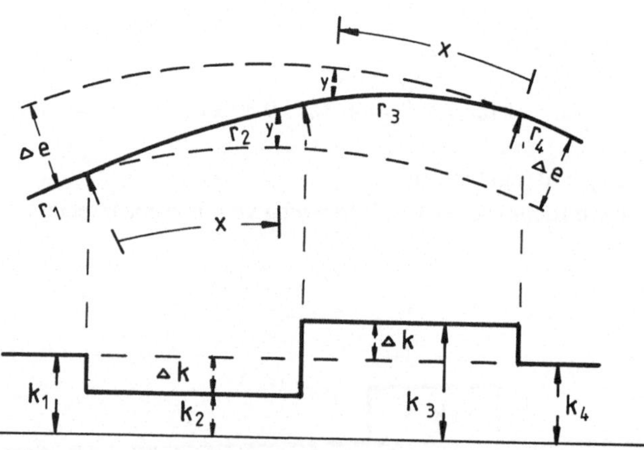

Bild 36: Grundriß- und Krümmungsbild einer Gleisverziehung zwischen konzentrischen Gleisbögen

Bei kleinen Verziehungsmaßen ist r_4 etwa $= r_1$. Der exakte Wert beträgt: $r_4 = r_1 + \Delta e$.

Die Radien r_2 und r_3 sind so zu bemessen, daß

$$\Delta k = k_1 - k_2 \text{ etwa} = k_3 - k_4 \quad \text{ist.}$$

Für $r = $ zul v^2 wird $\qquad l_{vz} = (4 \cdot \Delta e \cdot 1/\Delta k)^{1/2}$

Daraus. $\qquad \Delta k = 4 \cdot \Delta e \leq 2\,000 / v_e^2$

Für die Krümmung des ersten Teils der Verziehung $0 < x < l_{vz} / 2$ ergibt sich·

$$k_2 = k_1 - \Delta k = k_1 - 4\Delta e / l_{vz}^2$$

und damit

$$\boxed{r_2 = r_1 \cdot l_{vz}^2 / (l_{vz}^2 - 4\Delta e \cdot r_1)}$$

bei großem Δe ersetzt man r_1 durch $r_m = r_1 + \Delta e / 2$

Für $\qquad l_{vz} / 2 < x < l_{vz}$

wird· $\qquad k_3 = k_1 + \Delta k = k_1 + 4\Delta e / l_{vz}^2$

$$\boxed{r_3 = r_1 \cdot l_{vz}^2 / (l_{vz}^2 + 4\Delta e \cdot r_1)}$$

bei großem Δe ersetzt man r_1 durch $r_m = r_1 + \Delta e / 2$

Beispiel:

Der Gleisabstand einer Strecke wurde im Rahmen einer Gleiserneuerung von 3,75 m auf 4,00 m erweitert. Der Umbauabschnitt endet in einem Gleisbogen mit Radius $r = 1000$ m. Die Gleise sind von 4,00 m auf 3,75 m zu verziehen. Die Geschwindigkeit beträgt $v = 100$ km/h.

1. Verziehungslänge $\qquad l_{vz} = 2 \cdot v \cdot (\Delta e)^{1/2} = 2 \cdot 100 \cdot (0,25)^{1/2}$
$\qquad\qquad\qquad\qquad\qquad\quad l_{vz} = 100$ m.

2. Radien der Verziehung:

$$r_2 = r_1 \cdot l_{vz}^2 / (l_{vz}^2 - 4\Delta e \cdot r_1) = (1\,000 \cdot 100^2) / (100^2 - 4 \cdot 0{,}25 \cdot 1\,000)$$
$$= 1\,111\ m$$

$$r_3 = r_1 \cdot l_{vz}^2 / (l_{vz}^2 + 4\Delta e \cdot r_1) = (1\,000 \cdot 100^2) / (100^2 + 4 \cdot 0{,}25 \cdot 1\,000)$$
$$= 909\ m$$

Am Anfang oder Ende eines Kreisbogens kann eine *Verziehung durch Einschalten eines anderen Übergangsbogens* erfolgen. Dabei können zwei Fälle unterschieden werden:

a) Verschieben der Tangente und damit der an den Bogen anschließenden Geraden (Bild 37.1),

b) Verschieben des Kreisbogens (Bild 37.2)

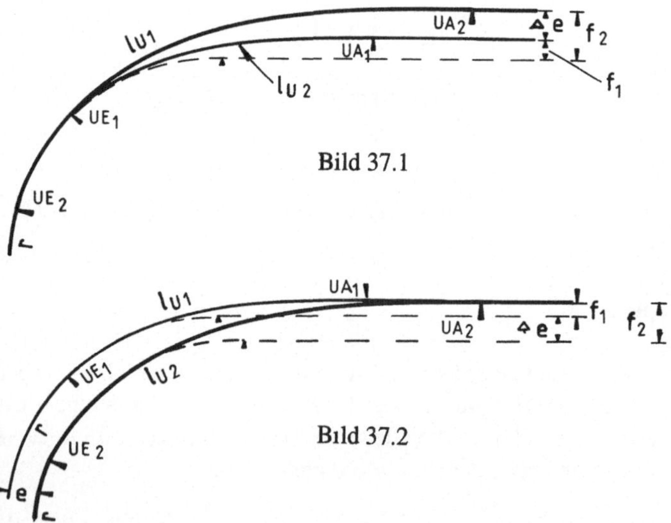

Bild 37: Verziehung durch Einschalten eines anderen Übergangsbogens

Fur beide Fälle gilt.

das Abrückmaß f_1 wird um die Verziehung Δe auf f_2 vergrößert.

Somit $\qquad \Delta e = f_2 - f_1$.

Für den Übergangsbogen mit gerader Krummungslinie gilt.

$$f = l_u^2 / 24\, r$$

Damit· $\qquad \Delta e = f_2 - f_1 = l_{u2}^2 / 24\, r - l_{u1}^2 / 24\, r$

Die Länge des eingeschalteten anderen Ubergangsbogens wird:

$$l_{u2} = (l_{u1} + 24 \cdot r \ \Delta e)^{1/2}$$

Wird die Tangente zur Bogeninnenseite oder der Bogen nach außen verschoben, dann wird der neue Übergangsbogen kürzer:

$$l_{u1} = (l_u^2 - 24 \cdot r \cdot \Delta e)^{1/2}$$

8.9 Zulässige Geschwindigkeiten

Nachstehend sind die zulässigen Geschwindigkeiten in Abhangigkeit von der Linienführung aufgelistet. Sie wurden gefunden, indem die Gleichungen geschwindigkeitsabhängiger Trassierungselemente nach zul v aufgelöst wurden.

Kriterium	Zulässige Geschwindigkeit		
1. Bogenradius und Über-höhung	$\max v = \sqrt{\dfrac{r}{11,8} \cdot (u + \text{zul } u_f)}$		
2. Neigung der Überhöhungs-rampe			
2.1. Gerade Rampe	$\max v = {}^m/_8$		
2.2. S-förmig geschwungene R.	$\max v = {}^{m_M}/_4$		
3. Unvermittelter Krümmungs-wechsel			
3.1. Gerade / Kreisbogen	$v \leq 100$	$100 < v \leq 160$	$160 < v \leq 200$
	$3\sqrt{r}$	$2,65\sqrt{r}$	$2\sqrt{r}$
3.2. Kreisbogen/Kreisbogen	In Werte von 3.1. $\sqrt{r} = \sqrt{\dfrac{r_1 \cdot r_2}{r_1 \pm r_2}}$ einsetzen. $(+)$ = Gegenbogen $(-)$ = Korbbogen		
4. Neigungswechsel	$\max v = 2 \cdot \sqrt{r_a}$		
5. Zweiggleis gerader Weichen	$\text{zul } v = 2,91 \cdot \sqrt{r}$		

Tabelle 21: Zulässige Geschwindigkeit in Abhängigkeit von
Trassierungselementen

9 Terminologie für den Bahnbau

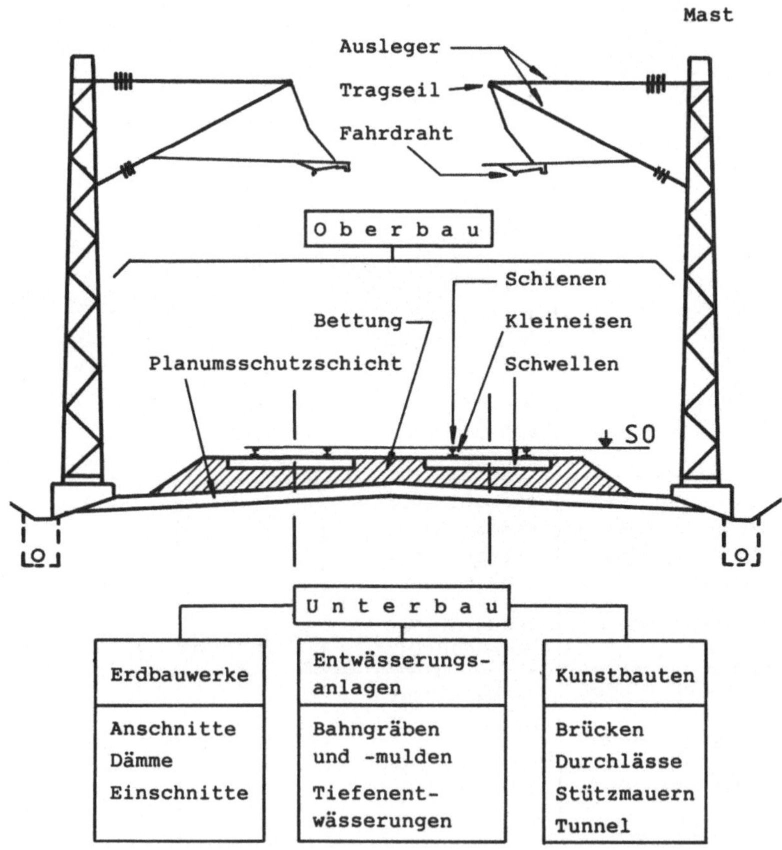

Unter Gesichtspunkten des Rechnungswesens wird
die Planumsschutzschicht dem Unterbau zugeordnet.

Bild 38: Querschnitt durch den Bahnkörper

Schichten	Stoffe	Flächen	Ober- begriffe		
Gleis- und Weichengestänge	Schienen, Schwellen, Kleineisen	▼ SO 1) UK 2) Schwelle ▼			Gleis
Bettung	Schotter	Planum ▼			Bettungsschicht
Planumsschutz-schicht	Mineralstoff-gemisch Sonderaus-führungen: Kunststoff-Dichtungsbahnen zwischen Sand- oder Kiessand-schicht, Geotextilien, Schaumstoff-platten	Erdplanum (Unterbau-krone) ▼	Oberbau = Fahrbahn		
Verdichtete oder verbesserte Damm-schüttung	stabilisiertes Dammschüttgut, Frostschutz-schicht			Unterbau 3)	
Dammschüttung	verdichtetes Dammschüttgut	Erdplanum ▼			
Verdichteter oder verbesserter Untergrund	verbesserter Boden			Untergrund	
Untergrund	gewachsener Boden				

1) SO = Schienenoberkante   3) Bestandteile des Unter-
2) UK = Unterkante   baus Seite 109

Tabelle 22: Bestandteile des Bahnkörpers (nach DS 836)

10 Untergrund und Unterbau

Als Untergrund wird der nicht durch bautechnische Maßnahmen veränderte
anstehende Boden oder Fels bezeichnet Der Unterbau ist ein Erd- oder
Kunstbauwerk, welches zwischen dem Oberbau und dem Untergrund
angeordnet ist. Lastannahmen für Eisenbahnbrucken konnen der "Vorschrift
für Eisenbahnbrücken und sonstige Ingenieurbauwerke" (DS 804 der DB)
entbommen werden. Als Verkehrslast der Normalspur ist für ein- und
zweigleisige Tragwerke das Lastbild UIC 71 anzuwenden In diesem Kapitel
werden die Erdbauwerke und ihre Entwasserung behandelt.

Unterhalb des Gleises entsteht aus den Eisenbahnverkehrslasten ein
Druckbereich im Bahnkörper, der bis etwa 5 m unter Schwellenunterkante
reicht. Um diese Druckkräfte sicher aufnehmen zu können, muß der Boden
sorgfältig verdichtet werden. In Bild 39 ist die Begrenzung des
Druckbereiches aus Verkehrslasten im Querschnitt gemäß DS 834 dargestellt.

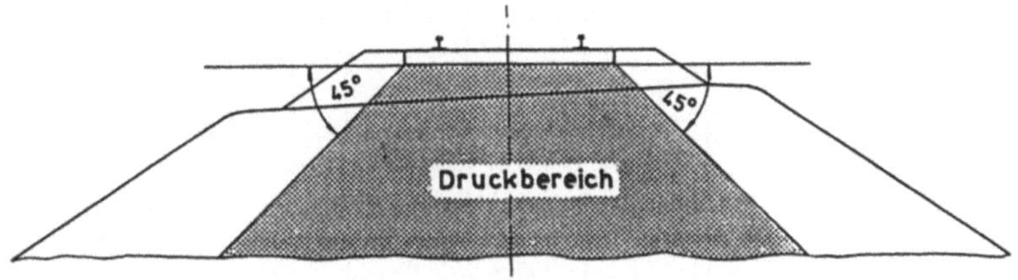

Bild 39. Begrenzung des Druckbereiches aus Verkehrslasten (DS 834)

Wenn Oberflächenwasser in den Boden eindringt, kann dadurch die
Standsicherheit des Erdbauwerkes verringert werden. Unter Frosteinwirkung
besteht die Gefahr von Eislinsenbildung. Sanierungsarbeiten an Erdbauwerken
sind sehr kostenintensiv, da der Oberbau in der Regel zurückgebaut werden
muß. Ein mangelhaftes Erdbauwerk führt zu hohem Unterhaltungsaufwand.
Aus diesen Gründen ist es wirtschaftlich sinnvoll, vor Baumaßnahmen an
Erdbauwerken eine hinreichende Begutachtung des anstehenden Bodens und
der Baumaterialien durchzuführen.
Klassifikation und Körnungslinie des gewachsenen Bodens und des
gegebenenfalls erforderlichen Dammschüttgutes beeinflussen maßgeblich den

Aufwand für eine ausreichende Verdichtung. Die Tragfähigkeit der Schichten kann aus dem Grad der Verdichtung abgeleitet werden. Mittels Proctorversuchen (DIN 18 127) kann man im Labor Zusammenhänge zwischen Wassergehalt und Trockendichte ermitteln. Danach ist eine Aussage über die Verdichtungsfähigkeit eines Bodens möglich. Plattendruckversuche (DIN 18 134) werden vor Ort am verdichteten Bauwerk durchgeführt. Dabei wird der Verformungsmodul aus der Zweitbelastung - E_{v2} - bestimmt In der "Vorschrift für Erdbauwerke (VE)" der Deutschen Bundesbahn (DS 836) sind Mindestanforderungen an das Erdplanum aufgestellt. Diese sind uber Vorgaben des E_{v2} - Wertes (hierzu Tabelle 23) definiert.

Der Verdichtungsgrad nach Proctor betragt: $D_{Pr} = \rho_d / \rho_{PR}$

mit ρ_d = Trockendichte des verdichteten Bodenstoffes
         ρ_{Pr} = max. Trockendichte des einfachen Proctorversuches.

Strecken-bezeichnung	Planum		Erdplanum		Frostschutz-schicht incl Planums-schutzschicht
	E_{v2} MN/m^2	D_{Pr}	E_{v2} MN/m^2	D_{Pr}	m
durchgehende Haupt-gleise von Haupt-bahnen (Neubau)	120	1,03	80	1,00	0,70
durchgehende Haupt-gleise von Neben-bahnen und S-Bahnen (Neubau)	100	1,00	60	0,97	0,60
übrige Gleise (Neu-bau)	80	0,97	45	0,95	0,50
Maßnahmen an be-stehenden Strecken	50	0,95	20	0,93	0,30

Tabelle 23: Mindestwerte für Verformungsmodul E_{v2}
            und Verdichtungsgrad (gem. DS 836)

Die Verdichtbarkeit und Frostsicherheit der Boden hängt im wesentlichen von folgenden Kriterien ab·

Ungleichförmigkeitszahl $U = d_{60} / d_{10}$

Die Werte d_{60} und d_{10} (= Korndurchmesser bei 60% bzw. 10% Massenanteile der Gesamtmenge) werden der Körnungslinie entnommen.

In Abhangigkeit von der Ungleichförmigkeitsziffer werden folgende Zuordnungen vorgenommen:

- $U < 5$, enggestufte, gleichförmige Böden, sie gelten als
  schlecht zu verdichten,

- $5 < U < 15$ weitgestufte, ungleichförmige Böden, gut zu
  verdichten. Mit steigender Ungleichförmigkeit wächst die
  Verdichtungsfähigkeit der Boden.

- $U > 15$ sehr gut zu verdichten, Mindestanforderung für
  Mineralstoffgemisch für Planumsschutzschichten (PSS).

Filterregel von Terzaghi

Wenn sich zwei Böden unterschiedlicher Körnungslinie an einer gemeinsamen Trennungslinie berühren, aber unter Einfluß von Wasser und dynamischen Kräften nicht durchdringen sollen, dürfen ihre Körnungslinien nur so weit voneinander entferntliegen, daß

$$D_{15} < 4 \cdot d_{85} \quad \text{ist.}$$

Dabei ist D_{15} der Korndurchmesser bei 15 % Massenanteile der Gesamtmenge des *grobkörnigen* Bodens, d_{15} der Korndurchmesser bei 85 % Massenanteile des *feinkörnigeren* Bodens. Die Körnungslinie des feinkörnigeren Bodens verlauft links von der des grobkörnigen Bodens.

Frostkriterium nach Casagrande

Böden, die einen zu hohen Anteil an Feinstbestandteilen enthalten, sind frostempfindlich Als frostsicher gelten Böden der Ungleichformigkeit

$$U < 5, \text{ mit weniger als } 10\% \text{ Massenanteile } d = 0{,}02 \text{ mm,}$$
$$U > 15, \text{ mit weniger als } 3\% \text{ Massenanteile } d = 0{,}02 \text{ mm.}$$

Zwischenwerte dürfen geradlinig interpoliert werden.

Durchlässigkeit nach Darcy

Wenn Wasser nicht in den Boden eindringen soll, muß dieser moglichst wasserundurchlässig sein. Diese Forderung wird z.B. an das Planum gestellt, damit Oberflächenwasser seitlich abfließt und nicht in den Boden eindringt.

Unter der Durchlässigkeit eines Bodens versteht man das Strömen des Wassers unter dem hydraulischen Gefalle I. Nach Darcy ist die Filtergeschwindigkeit v, d.h. der Durchfluß je Flächeneinheit senkrecht zur Fließrichtung dem Gefalle I proportional.

$$v = k_f \cdot I \ (m / s)$$

k_f ist der Durchlässigkeitsbeiwert des Bodens. Er kann an Hand der Sieblinie eines Bodens abgeschatzt werden. Nach Hazen gilt·

$$k = c \cdot d_{10}^{2} \ (m/s)$$

mit c = 1 bis 1,5. d hat die Dimension (cm)

Fur das Planum soll $k_f < 10^{-6} \ (\,m / s\,)$ betragen.

10.1 Entwässerung des Bahnkörpers

Eine gute und beständige Gleislage setzt guten Untergrund und Unterbau voraus. Böden konnen unter Wassereinfluß aufweichen und verlieren so ihre Tragfähigkeit. Deshalb ist mit Entwasserungsmaßnahmen dafur zu sorgen, daß das Wasser nicht in Untergrund und Unterbau eindringen kann

Planum und Erdplanum werden gut verdichtet und mit einer Neigung von 1 20 (s. Kap. 11.5) ausgebildet. So wird der größte Teil des Oberflächenwassers -etwa 90 %- aus dem Bereich der Fahrbahn in seitliche Entwässerungsanlagen abgeleitet In Einschnitten haben diese Entwässerungseinrichtungen auch die Aufgabe, das von den Einschnittsböschungen ablaufende Wasser vom Bahnkorper fernzuhalten.

Es wird zwischen offenen Entwasserungsanlagen und Tiefenentwässerung unterschieden.

10.1.1 Offene Entwässerungsanlagen

Offene Entwässerungsanlagen sind Gräben und Mulden.

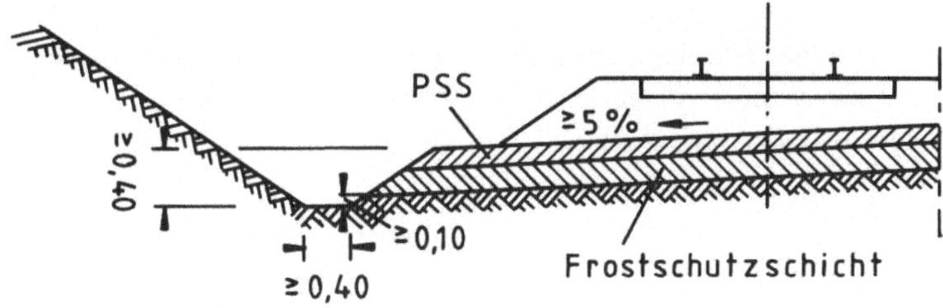

Bild 40: Unbefestigter Bahngraben

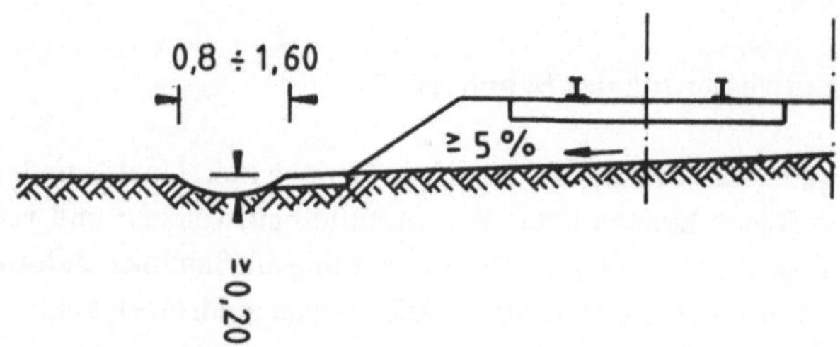

Bild 41. Unbefestigte Bahnmulde

Gräben und Mulden sind nach folgenden Kriterien herzustellen.

Anlage	Breite	Tiefe unter Planum	Böschungen	Längsgefälle I %
Graben	0,40 m	0,40 m	1:1,5[*] / 1:1,8[**]	0,3% bis 3%
Mulde	0,4m - 1,6 m	0,20 m	1:1,5 / 1:1,8	0,3% bis 3
* = bei Feinsanden, ** = bei schwach bindigen Böden				

Tabelle 24: Kriterien für die Herstellung von Gräben und Mulden

Wenn die Grenzwerte des Längsgefälles gem. Tabelle 24 nicht eingehalten werden können oder wenn unter der offenen Entwässerung noch eine Tiefenentwässerung verlegt ist, soll die Sohle der Gräben / Mulden befestigt werden.

Gefälle I(%)	Befestigungsart
I < 0,3	Betonfertigteilschalen
3 < I < 10	Betonfertigteilschalen
I > 10	rauhe Pflasterung aus gebrochenem Naturstein

Tabelle 25: Befestigung der Sohle in Abhängigkeit vom Gefälle

10.1.2 Tiefenentwässerung

Tiefenentwässerungen sind geschlossene, unterirdische Entwasserungsanlagen. Sie sollen neben der Entwasserung des umgebenden Bodens auch Sicker- und Schichtwasser fassen und ableiten. Sie dienen auch der Absenkung bzw Haltung des Grundwasserspiegels. Dieser muß so gehalten werden, daß er nicht über 1,50 m unter SO ansteht.

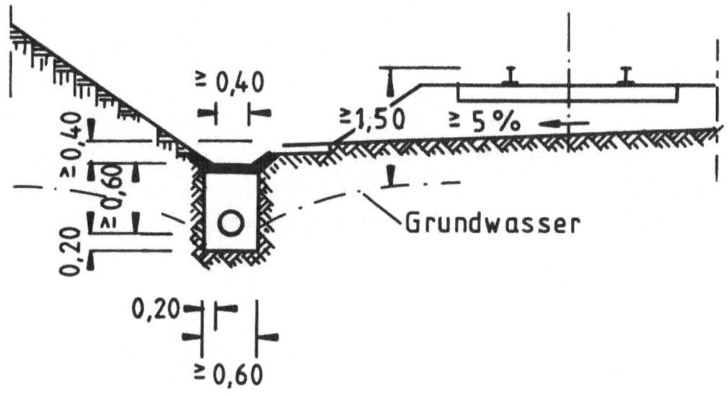

Bild 42: Tiefenentwässerung mit Grundwasserabsenkung

Für die Entwässerung des Bodens und zur Absenkung des Grundwasserspiegels werden Vollsickerrohre, für die Fassung und Ableitung von Sicker- und Schichtwasser werden Teilsickerrohre verwendet. Sickerrohre mit glatten Innenwänden sollen mit einer Nennweite DN $\geq$ 100 mm und Sickerrohre mit gerippten oder rauhen Innenwänden mit einer Nennweite DN $\geq$ 150 mm ausgefuhrt werden. Betonfilterrohre sollen mit einem Gefälle I $\geq$ 0,25 %, Steinzeug- und Kunststoffwellrohre mit I $\geq$ 0,20 % und glattwandige Kunststoffrohre mit I $\geq$ 0,15 % verlegt werden. Die Fließgeschwindigkeit des Wassers soll 0,5 m / s nicht unterschreiten.

11 Oberbau

Die Fahrbahn der Schienenwege hat eine Doppelfunktion zu übernehmen:
sie soll Tragwerk sein und Fahrzeuge durch Formschluß sicher fuhren.

Aus der ersten Funktion konnen Anforderungen an die Formgebung des
Schienenquerschnitts und an den Schienenstahl abgeleitet werden.

Bei formschlussiger Fuhrung sind Unstetigkeitsstellen in der Fahrbahn, die
den Formschluß beeinträchtigen könnten, unzulässig. Der Betrieb der
Schienenbahnen führt zu Verformungen der Fahrbahn. Es sind Grenzwerte für
die Verformung definiert, um den Betrieb stets sicher führen zu konnen Sind
derartige Grenzwerte erreicht, werden bautechnische Maßnahmen erforderlich,
um den Soll - Zustand wieder herzustellen.

Die Fahrbahnen der Schienenwege werden nach zwei grundsatzlich
verschiedenen Kriterien eingeteilt.

- Schotteroberbau
  Hier wird das Gleis in einem Schotterbett verlegt Dieses ist derart
  zu verdichten, daß die Kräfte aus Betriebseinflüssen sicher in den
  Untergrund eingeleitet werden.

- Feste Fahrbahn
  Das Gleis wird auf einer Betonplatte geführt. Es gibt verschiedene
  Konstruktionen. Bei den bundeseigenen Bahnen wird ein
  Querschwellenoberbau mit Beton "vergossen". Diese Konstruktion
  soll Lagefehler, die beim Schotteroberbau auftreten konnen, über
  lange Zeit ausschließen. Stadtbahnen werden im Tunnel oft auf
  einem festen Langsschwellenoberbau verlegt.

Aus den Funktionen, die der Oberbau zu erfüllen hat, lassen sich -auch unter
betriebswirtschaftlicher Sicht- folgende Forderungen ableiten:

Forderungen an das Tragwerk.
- Die Schienen müssen derart dimensioniert sein, daß sie die vertikalen und horizontalen Kräfte, diese sind statisch und dynamisch, aufnehmen können und in die Schwellen einleiten.

- Verschleißfester Schienenstahl mit geringer Neigung zu Brüchen und Riffelbildung.

- Für die Übertragung der Kräfte zwischen Schiene und Schwelle ist eine hinreichende Verbindung zwischen beiden erforderlich. - Ausreichende Tragfähigkeit der Schwellen.

- Zweckmäßige Dimensionierung der Bettungshöhe, damit die über die Schwellen eingeleiteten Kräfte möglichst gleichmäßig verteilt auf das Planum übertragen werden.

Forderungen an die Fahrbahn·
- Die Radsatze sind sicher zu führen.
- Das Gleisgestänge soll in Langs- und Querrichtung eben sein, um so eine stetige, stoß- und ruckfreie Bewegung der Fahrzeuge zu gewährleisten
- Die Fahrbahn soll elastisch sein, um Vertikalstoße ohne Verformungen aufnehmen zu können.

Aus den Forderungen leiten sich folgende Auflagen hinsichtlich der Konstruktion des Gleises ab:

- Die einzelnen Teile des Gleisgestänges müssen fest miteinander verspannt sein.
- Die Lage des Gleises muß in Richtung und Höhe mit geringem Aufwand regulierbar sein.
- Bei elektrifizierten Strecken ist der Triebstromruckfluß durch das Gleis zu gewährleisten.
- Bei entsprechender Signaltechnik ist das Gleis als Leiter von Signalstrom vorzusehen.

Für oberbautechnische Beurteilungskriterien sind Gleise und Weichen bei den bundeseigenen Bahnen in Ordnungen 1, 2 und 3 eingeteilt. Dabei gibt es folgende Kriterien:

*Durchgehende **Hauptgleise** sind*
-Gleise *1. Ordnung (1 D)*,
   - wenn die zulässige Geschwindigkeit v > 140 km/h beträgt. Die tägliche Belastung dieser Strecken wird dabei nicht berücksichtigt, oder
   - wenn die Belastung $\geq$ 20 000 t / Tag ist, ohne Rücksicht auf die zulässige Geschwindigkeit.

-Gleise *2. Ordnung (2 D)*,
   - wenn sie die vorgenannten Kriterien nicht erfüllen.

*Sonstige **Haupt- und Nebengleise** sind*
-Gleise *1. Ordnung (1S, 1N)*,
   - wenn die Belastung $\geq$ 30 000 t / Tag ist,

-Gleise *2. Ordnung (2S, 2N)*,
   - wenn auf ihnen mittlerer Betrieb mit < 30 000 t / Tag abgewickelt wird.

Alle übrigen Gleise, also Gleise mit schwachem Betrieb und Abstellgleise, sind *Gleise 3. Ordnung.*

Weichen 1. Ordnung sind Weichen in Gleisen 1D sowie 2D mit Belastungen > 6 000 t / Tag, sowie in Gleisen 1S, 1N sowie 2S, 2N mit Belastungen > 15 000 t / Tag.

Weichen 2. Ordnung sind alle übrigen Weichen in Gleisen 2. Ordnung.

Weichen 3. Ordnung sind alle Weichen in Gleisen 3. Ordnung.

Bestandteile des Oberbaus sind Schienen und Schwellen, die mittels Kleineisen zu Gleisrosten, Weichen und Kreuzungen verbunden sind.

11.1 Schienen

Schienen bestehen aus Schienenkopf, Schienensteg und Schienenfuß (Bild 43). Die Einbuchtung zwischen Kopf und Fuß wird als Laschenkammer bezeichnet. Bei allen Bahnen wird die Breitfußschiene -auch als Vignolschiene bekannt- als Regelform eingebaut. Die Gleisanlagen von Anschlußbahnen werden häufig in Verkehrsflachen verlegt, die von nicht schienengebundenen Fahrzeugen befahren werden. In diesen Fällen werden bevorzugt Rillenschienen eingebaut. Auch Straßenbahnen fahren im Straßenraum auf Rillenschienen.

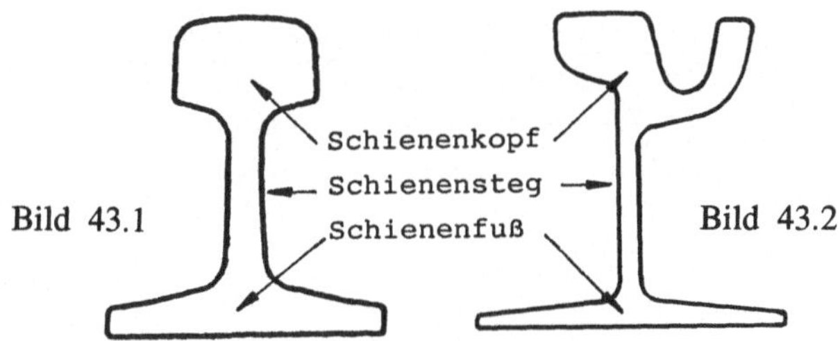

Bild 43: Querschnitt einer Breitfußschiene (43.1) und einer Rillenschiene (43.2)

Bei der Herstellung werden Schienen gewalzt. Der erforderliche Flußstahl wird nach dem Elektrostahl-, Siemens-Martin- oder Sauerstoffblasverfahren hergestellt. Die Deutsche Bundesbahn fordert als Regelgüte eine Mindestzugfestigkeit von 880 N/mm^2. Es gibt "verschleißfeste" Schienen (Sondergüte) mit einer Mindestzugfestigkeit von 1080 N/mm^2. Kopfgehärtete Schienen haben im Kopf eine Mindestzugfestigkeit von 1175 N/mm^2, Steg und Fuß werden in Regelgüte hergestellt.

Schienen werden meistens nach ihrem Metergewicht bezeichnet: z.B. S 54= 54 kg/m. Die nachfolgende Zusammenstellung gibt eine Übersicht uber gängige Schienenformen und ihre Einsatzgebiete.

	Schienen-form	Einsatzgebiet
Breitfußschienen (Vignolschienen)	S 41	Straßenbahn auf eigenem Gleiskörper
	S 49	U - Bahn, Stadtbahn, Anschlußbahn Früher bei der DB Regelprofil, wird dort heute nicht mehr eingebaut.
	S 54 UIC 60	Regelprofil bei der DB in Gleisen 1. Ordnung. UIC = Union international de chemin de fer. Das UIC Profil ist international eingeführt.
	S 64	Bahnen im Braunkohletagebau
Rillen-schienen	Ri 59 Ri 60	Straßenbahnen, deren Schienen im Straßenraum verlegt sind.
	Ph 37 Ph 37 a	Anschlußbahnen, deren Schienen in befestigten Verkehrsflächen verlegt sind.

Tabelle 26: Schienenformen und ihre Einsatzgebiete

Neue Schienen werden in Regellängen von 30 m oder 60 m geliefert. Für den Einbau in Strecken der DB werden sie im Werk zu Längen von 120 m oder 180m, versuchsweise bis 360 m zusammengeschweißt. Fur NBS sind 60 m lange Neuschienen im Werk zu 180 m langen Stücken zu verschweißen.

In der Regel werden Schienenstoße verschweißt Diese Bauweise erfordert geringen Unterhaltungsaufwand. Vereinzelt werden in Gleisanschlussen oder in Bergsetzungsgebieten Stoßlückengleise hergestellt

Stoßlückengleise sollen mit Schienen in Länge von 30, 45 oder 60 m hergestellt werden. Die Stoßlucken der beiden Schienen eines Gleises in der Geraden sollen winkelrecht gegenuber liegen. In Bögen sind sie radial anzuordnen. In der Geraden sind beide Schienen gleich lang. In den Bögen ist der innere Schienenstrang kürzer als der äußere. Im Außenstrang des Bogens werden, wie in der Geraden, Regellängen eingebaut. Im Innenstrang werden Ausgleichsschienen verlegt. Diese sind gegenüber der Regellange verkürzt.

Gemäß Oberbauvorschrift (DS 820) darf die tatsächliche Lage des Stoßes um den Stoßfehler f = 30 mm von den vorgenannten Bedingungen abweichen Die Werke stellen drei Ausgleichsschienen mit folgenden Unterlängen her

$$a = 30 \text{ m} - 60 \text{ mm} = 29{,}940 \text{ m}$$
$$b = 30 \text{ m} - 110 \text{ mm} = 29{,}890 \text{ m}$$
$$c = 30 \text{ m} - 165 \text{ mm} = 29{,}835 \text{ m.}$$

Die Anzahl und die Anordnung der erforderlichen Ausgleichsschienen richtet sich nach der Bogen- und Übergangsbogenlange und dem jeweiligen Radius. Die Festsetzung erfolgt für jeden Bogen entsprechend der örtlichen Verhältnisse neu Die Ausgleichsschienen sind so zu wählen, daß der Stoßfehler f < + 30 mm betragt.

Der Langenunterschied Δl_S zwischen äußerer und innerer Schiene läßt sich aus einfacher Proportion berechnen·

$$\Delta l_S = 1/r \cdot 1\ 500 \cdot l_S \quad (\text{mm})$$

l_S = Länge der bogenäußeren Schiene in m.
1 500= Abstand der Schienenkopfmitten bei Normalspur

In Gleisbögen 100 m < r < 500 m sind in Stoßlückengleisen die Enden der Schienen vorzubiegen, damit sie in Stößen nicht eckig aneinander stoßen.

Stoßlücken sind mit Hilfe eines Meßkeils zu überprüfen. Abhängig von der Schienenlänge dürfen die Stoßlücken z.B. bei 60 m Schienen zwischen - 4 mm bis + 12 mm von den Verlegewerten abweichen. Die Verlegelücken sind von der Temperatur, der Schienenlänge und der Schienenbefestigung abhängig.

Im durchgehend geschweißten Gleis mussen die Schweißstellen nicht so zwingend wie die Stöße des Stoßlückengleises angeordnet werden Hier sind somit auch keine Ausgleichsschienen erforderlich.

Bei durchgehend geschweißten Gleisen, sie werden auch als lückenlos geschweißt bezeichnet, ergeben temperaturbedingte Spannungen keine Längenänderung der Schienen. Sie konnen durch kraftschlüssige Befestigungen der Schiene mit den Schwellen verhindert werden. Dies Schwellen werden derart eingeschottert, daß die Kräfte in den Untergrund übertragen werden. Die Druckkrafte aus Temperatureinflussen müssen in der Schiene innerhalb beherrschbarer Größen gehalten werden. Die wird erreicht, indem Schlußschweißungen und Verspannung in definierten Teperaturgrenzen vorgenommen werden. Im Bereich der DB liegt die Verspanntemperatur zwischen 17 und 23° C.

Bei Schienentemperaturen von + 60° können in UIC 60 Schienen Druckkräfte bis etwa 1 500 kN und in Weichen bis etwa 2 000 kN auftreten. Bei - 30° C sind Zugkräfte bis etwa 1 900 kN vorhanden. Diese Werte beziehen sich auf die zuvor erwahnte Verspanntemperatur.

Unter hohen Druckkräften können Verwerfungen des Gleises entstehen. Hohe Zugkräfte begünstigen die Neigung zu Schienenbruchen.

11.1.1 Schienenverbindungen

Die Schienenfahrbahn wird durch Aneinanderfügen von einzelnen Schienen hergestellt. Die Schienenenden werden dabei stumpf aneinander gestoßen und, sofern sie nicht verschweißt werden, beidseitig durch Stahllaschen miteinander verbunden. Die Laschen sind derart geformt, daß sie mittels Bolzen in der Laschenkammer verspannt werden können. Das Widerstandsmoment der beiden Laschen soll dem der Schiene entsprechen Der Stoß ist eine Unstetigkeitsstelle im Gleis und erfordert hohen Unterhaltungsaufwand.

Auf Anschluß- und Nebenbahnen sowie in Bergsetzungsgebieten können Stoßluckengleise ausreichend und z.T. üblich sein. In der Signaltechnik hat der Schienenstoß für die Isolierung von Gleisen und Weichen große Bedeutung Im Netz der DB sind etwa 300 000 Isolierstöße eingebaut

Es gibt "ruhende" und "schwebende" Stöße Die Bezeichnung erfolgt nach der Art der Unterstutzung der Schiene im Bereich des Stoßes.

Bei einem ruhenden oder festen Stoß liegen die gestoßenen Schienenenden auf einer gemeinsamen Schwelle auf. Der Stoß wirkt unelastisch. Durch die schlagartige Beanspruchung beim Anlauf und Ablauf der Räder wird die Stoßschwelle ungleichmaßig belastet. Dadurch entstehen Verformungen, die großen Unterhaltungsaufwand erfordern.

Bei einem schwebenden Stoß ragen die Schienenenden jeweils als Kragarme über die Schwelle hinaus. Im Stoßbereich beträgt der Schwellenabstand 0,50 m. So können die Schwellen von beiden Seiten maschinell gestopft werden Beim schwebenden Stoß sind verstärkte Laschen zur Aufnahme des Feldmomentes einzubauen.

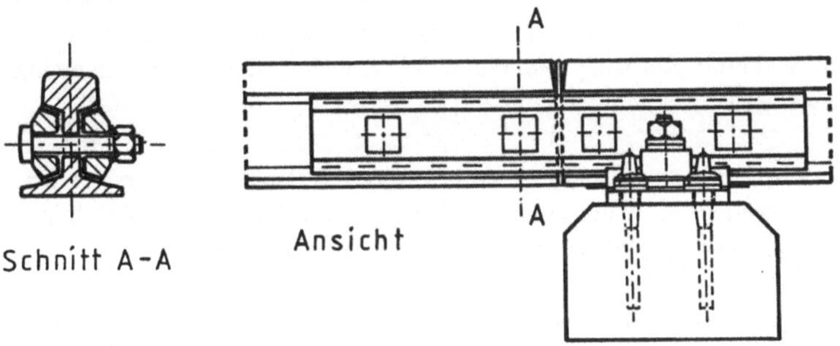

Bild 41: Isolierklebestoß

Isolierstöße (Isolierklebestoßverbindung S, Isolierstahllaschenstoßverbindung MT) werden schwebend ausgefuhrt. Der Stoß liegt etwa 13 cm von der Mitte der nächsten in Fahrtrichtung liegenden Schwelle entfernt. So wird die

Beanspruchung des Stoßes aus dem Biegemoment gering gehalten. Die Elastizität ist trotzdem ausreichend.

In der Regel werden die Gleise -bis auf die Isolierstöße- durchgehend verschweißt Dabei werden Schmelzschweißverfahren angewandt. Namlich· Thermit-, Lichtbogen-, Preß- oder Abbrennstumpfschweißung.

11.2 Schwellen

Sämtliche Kräfte, die in die Schiene eingeleitet werden, werden durch die Schwellen in die Bettung und dann in den Unterbau übertragen.

Für die Übertragung der senkrechten Kräfte muß eine hinreichend große Auflagefläche der Schwellen vorgesehen werden, um zulässige Grenzspannungen der Baustoffe des Ober- und Unterbaus nicht zu uberschreiten.

Die Langs- und Querkräfte der Schiene infolge Temperaturspannungen, Brems- und Beschleunigungsvorgängen sowie Fuhrungskräften im Bogen werden durch Reibung und durch Widerstände aus der Formgebung der Schwelle in die Bettung übertagen.

Es wird zwischen Langs- und Querschwellengleis unterschieden. Im Schotterbett ist das Querschwellengleis bei allen Bahnen üblich. Schotterloser Oberbau kann mit Längs- oder Querschwellen hergestellt werden.

Schwellen werden aus Holz, Spannbeton oder Stahl hergestellt. Die Wahl des Baustoffes der einzubauenden Schwellen wird unter technischen, betriebs- und gemeinwirtschaftlichen Gesichtspunkten getroffen.

Für *Holzschwellen* werden Hartholzer -Eichen- oder Buchenholz sowie uberseeisches Holz- verwendet. Bei U- und Straßenbahnen konnen auch Weichholzer -Lärchen- oder Kiefernholz- eingebaut werden. Holz kann von Schädlingen befallen werden und unter Feuchtigkeitseinflüssen schnell an

Festigkeit verlieren. Aus diesem Grund werden Holzschwellen nach dem Rüping-Verfahren mit Teeröl imprägniert. Wegen der Imprägnierung sind Holzschwellen nach Ablauf ihrer Nutzungszeit als Sondermull zu entsorgen.

Seit 1941 wurden Versuche mit *Betonschwellen* durchgeführt. Die ersten Versuchsschwellen hatten eine schlaffe Bewehrung. Heute werden die Schwellen in Spannbeton ausgeführt. Wegen ihres hohen Gewichtes von ca 300 kg konnte die Betonschwelle erst nach der Entwicklung mechanischer Verlegemethoden als Regelbauart eingeführt werden. Als Standardschwellen werden bei der DB aus dem Bestand B 58 - Schwellen (ca 250 kg, Länge: 2,40 m) und neu B 70 - Schwellen (Länge: 2,60 m) verlegt. Für schweren Industrieverkehr und Hochgeschwindigkeit werden Schwellen B 75 (Länge: 2,80 m) vorgesehen Es wird Beton B 60 verwendet.

Ea gibt verschiedene Produktionsverfahren für Spannbetonschwellen. DYWIDAG verwendet Spezialformen für das Betonieren des Schwellenkörpers, die eine Sofortentschalung ermöglichen. Mit Matrizen werden im Beton Kanäle ausgespart, in die nach dem Aushärten zwei haarnadelförmig gebogene Spannstähle eingeführt werden. Diese werden von einer Kopfseite der Schwelle aus verspannt, die Kanäle mit Mörtel vergossen.

Die Schienenbefestigungspunkte werden vom Herstellerwerk der Schwellen eingebaut.

Stahlschwellen wurden aus Flußstahl (Zugfestigkeit 370 bis 500 N/mm^2) hergestellt. Neue Trogschwellen aus Stahl werden nicht mehr angefertigt. Für den Ersatzbedarf werden Altschwellen aufgearbeitet. Dabei handelt es sich überwiegend um Mittelschwellen (K)Sw7 und um Breitschwellen (K)Sw11 für den Oberbau K.

Seit 1984 gibt es eine neue Stahlschwelle, die Y - Stahlschwelle. Sie besteht aus zwei S-förmig gebogenen, warmgewalzten Breitflanschträgern. Zusätzliche gerade Trägerabschnitte führen zu einer "doppelten" Schienenauflage pro Stutzpunkt.

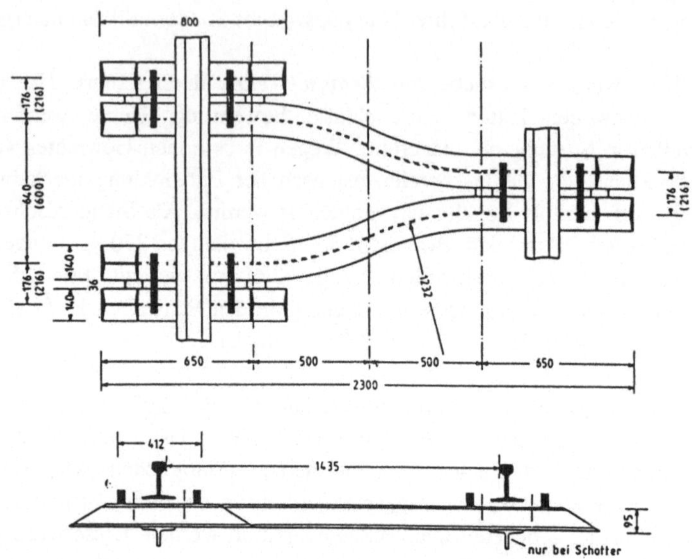

Bild 45.1: Konstruktion und Hauptmaße der Y - Schwelle

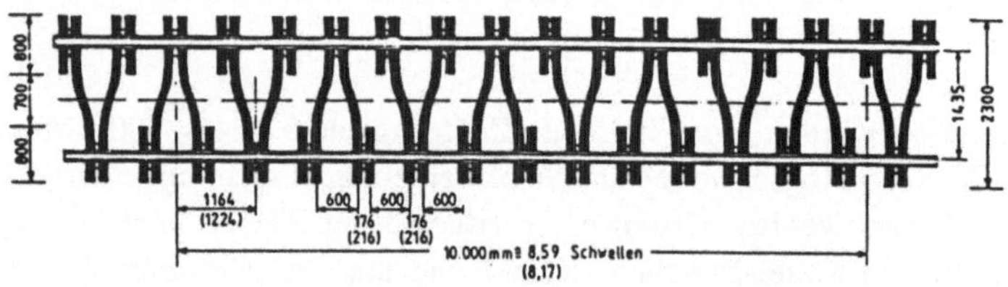

Bild 45 2. Konstruktion eines Gleisrostes mit Y - Schwellen
(Quelle. SATO Bahnsysteme, 3320 Salzgitter 41)

Einen Uberblick uber Abmessungen und einige Eigenschaften der Schwellen aus Holz, Beton und Stahl gibt Tabelle 27.

Abmessungen/ Eigenschaften	Holz- schwellen		Stahl- schwellen		Beton- schwellen	
	Form 1	sonstige	(K)Sw 7	(K)Sw 11	B 58	B 70
Länge (m)	2,60	2,50	2,60	2,50	2,40	2,60
Breite b_o (m)	0,16		0,135	0,135	0,15	0,171
b_u (m)	0,26	0,24	0,272	0,500	0,3	0,3
Höhe h (m)	0,16	0,14	0,100	0,100	0,175	0,235
Gewicht (kg)	etwa 100 kg (getränkt)		37	63	249	304
Lebensdauer (Jahre)	23 - 40 ungetränkt 3 - 18		40 - 45		vsl. ca. 60	
Verlege- möglichkeit	mechanisierbar		von Hand		mechanisch	
Aufarbeitung	gut		gut		nicht möglich	

Tabelle 27: Abmessungen und einige Eigenschaften der Schwellen

Der Schwellenabstand wird in Abhängigkeit von der Gleisbelastung und von der Tragfähigkeit des Unterbaus festgelegt Der Abstand bezieht sich auf die Achse der Schwellen Bei stark belasteten Strecken betragt der Abstand 0,60 m, bei Baugleisen kann er 1,00 m überschreiten. Der Flächendruck, den die eingeleiteten Lasten auf dem Planum bewirken, ist von der Höhe der Einschotterung unter dem Schienenauflager der Schwelle und vom Schwellenabstand abhängig. Bei wenig tragfahigem Untergrund sowie bei großen Belastungen ist somit ein kleiner Schwellenabstand zu wählen.

11.3 Befestigungsmittel

Die Befestigungsmittel verbinden die Schienen mit den Schwellen zu einem Gleisrost Diese Verbindung ist verdreh- und durchschubsicher auszubilden. Die Schiene darf sich somit im Befestigungspunkt gegenüber der Schwelle nicht verdrehen und in Längsrichtung nicht verschieben lassen. Der Gleisrost erhält so eine hohe Rahmensteifigkeit. Diese ist für die Lagesicherheit des Gleises wichtig.

Im Befestigungspunkt wird der Schienenfuß gegen die Schwelle gepreßt. Der Anpreßdruck von mindestens 210 kN wird durch die Befestigungsmittel beidseitig auf den Schienenfuß aufgebracht.

Die hohe dynamische Beanspruchung durch den Eisenbahnbetrieb erfordert eine elastische Lagerung der Schiene im Befestigungspunkt. Dadurch wird der Verschleiß der Befestigungsteile vermindert. Die Elastizitat wird durch den Einbau einer elastischen Kunststoffzwischenlage zwischen Schienenfuß und Schwelle sowie durch die Materialeigenschaften der verwendeten Nägel, Klammern oder Federringe erzielt. Die Zwischenlage erhöht auch die Reibung zwischen Schiene und Befestigungspunkt.

Im Laufe der Entwicklung der Bahnen ist eine Vielzahl unterschiedlicher Befestigungsmittel eingebaut worden. Für Holz und Stahlschwellen wird derzeit der K - Oberbau bevorzugt.

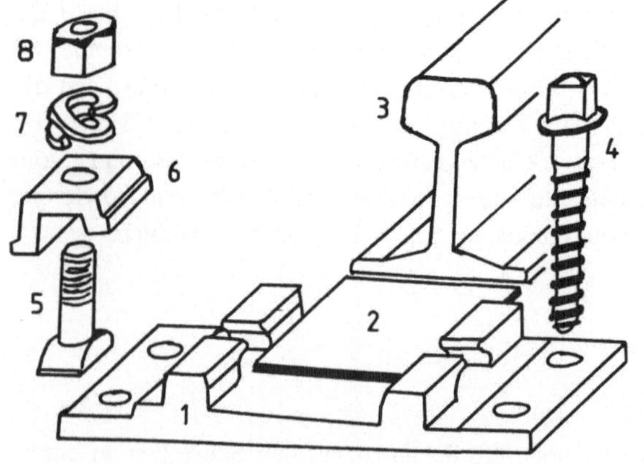

Bild 46: K - Oberbau

Auf der Schwelle wird eine Rippenplatte aus Stahl befestigt. Die Flache, auf der die Schiene aufliegt, ist in Gleisen 1.40 geneigt, nicht aber in Weichen. Die seitlich angeordneten Rippen geben der Schiene in Querrichtung den für die Spursicherung erforderlichen Halt. In die halbkreisförmigen Aussparungen der Rippen werden die Hakenschrauben eingeschoben. Die Klemmplatten werden mit dem kürzeren Schenkel auf den Schienenfuß und mit dem längeren Schenkel auf die Rippenplatte aufgelegt. Die Schraubenmuttern werden mit einem Drehmoment von etwa 220 Nm angezogen. Je nach Zustand der Zwischenlage und der Federringe wirkt eine Kraft von 215 kN auf den Schienenfuß. Klemmplatte und Federring konnen durch eine Spannklemme ersetzt werden.

Auf Betonschwellen kann eine weniger aufwendige Schienenbefestigung eingebaut werden. Sie wird als W - Oberbau bezeichnet (Bild 47). Die erreichbare Rahmensteifigkeit ist geringer als beim K - Oberbau. Dieser Nachteil wird durch die höhere Lagestabilität der Betonschwelle auf Grund ihres hohen Eigengewichts ausgeglichen.

Der W - Oberbau ist nach den beidseitig des Schienenfußes angeordneten Winkelführungsplatten benannt. Diese werden in vorgefertigte W-formige Vertiefungen eingelegt und sichern die Schiene gegen seitliches Verschieben. Wird unter der Winkelführungsplatte eine Isoliereinlage angeordnet, ist die Schiene gegenüber der Schwelle isoliert. Die Schiene liegt auf einer Kuststoffzwischenlage, die direkt auf der Betonschwelle aufliegt Der Anpreßdruck für eine kraftschlussige Verspannung wird über "Epsilon"- Spannklemmen auf den Schienenfuß aufgebracht.

Die besprochenen Befestigungsarten sind nur zwei Beispiele aus einem umfangreichen Katalog der Oberbauarten. Die für die bundeseigenen und für die nichtbundeseigenen Eisenbahnen bedeutsamen Befestigungen in Abhängigkeit von den Schwellenbaustoffen sind in den Ergänzungsbestimmungen zur Oberbauvorschrift der DB (DS 820, Anhang 1) bzw. im Anhang zu den Oberbaurichtlinien der NE (AzObri - NE 1) zusammengestellt.

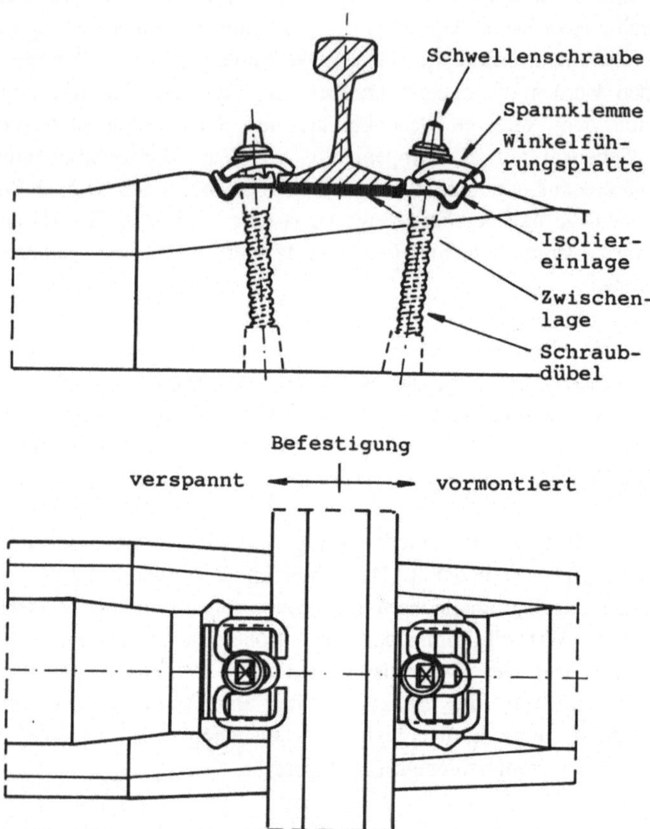

Bild 47: W - Oberbau

Die Oberbauforschung ist weiter bemüht, Befestigungssysteme zu entwickeln, die möglichst alle technischen Anforderungen erfüllen und dabei billig in Herstellung und Einbau sowie wirtschaftlich in der Unterhaltung sind.

11.4 Bettung

Die Bettung soll die Gleisschwelle in fester und unverrückbarar Lage sichern und die Krafte, die von den Schwellen eingeleitet werden, an den Untergrund weitergeben. Die Bettung soll wasser- und luftdurchlässig sein, damit eindringendes Oberflachenwasser schnell abfließen und Restfeuchte im Schotter und auf dem Planum verdunsten kann.

Als Bettungsstoff eignet sich gegen Zerreiben, Zerschlagen und Zerdrücken festes, wetterbestandiges Hartgestein von gleichmaßigem, nicht schiefrigem Gefuge. Das Gestein soll scharfkantig und unregelmaßig geformt sein Die Mindestfestigkeit beträgt 17 660 N/cm^2. Geeignete Gesteine sind· Basalt, Diabas, Diorit, Grauwacke und Quarzit. In stark belasteten Gleisen und Weichen wird Schotter der Körnung 1 mit Korngroßen von 25 bis 65 mm, in Gleisen von untergeordneter Bedeutung wird Schotter der Kornung 2 mit Korngrößen von 15 bis 30 mm eingebaut. Anstatt Schotter der Körnung 2 kann auch Altschotter der Körnung 1 verwendet werden.

11.5 Bettungsquerschnitte

Die Abmessungen des Bettungskörpers richten sich nach der Schwellenlänge, dem Einschotterungsmaß vor den Schwellenköpfen und, bei mehrgleisigen Strecken, nach dem Gleisabstand. In Abhängigkeit von der Breite der Bettung ist der Unterbau herzustellen. Er ist so breit anzulegen, daß die Bettung mit ausreichender Standfestigkeit aufgebaut werden kann Dazu ist ausreichender Platz für die Randwege vorzusehen.

Regelbettungsquerschnitte für ein- und zweigleisige Strecken sind in den Bildern 48 bis 52 dargestellt.

Die Dicke der Bettung soll am Auflager der nicht überhohten Schiene mindestens 0,3 m betragen, bei NBS 0,35 m, gemäß Obri-NE 0,2 m. Unter Stahlschwellen wird dieses Maß ab Unterkante Schwellendeckblech gemessen.

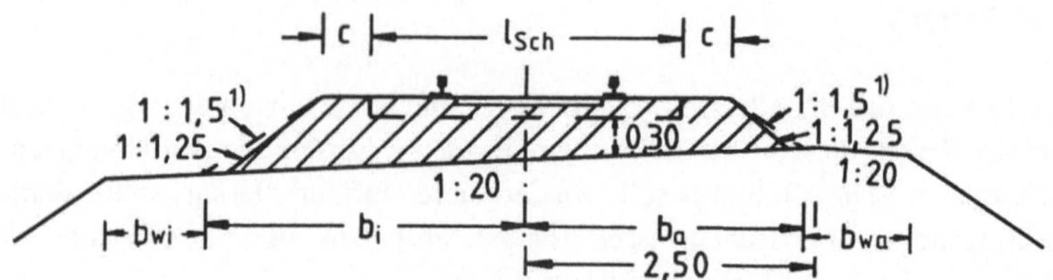

l_{Sch} = Lange der Schwelle (Tabelle 27), hier: 2,60

1) = die Neigung 1 : 1,5 ist ein Planungswert Er wird der Ermittlung des Fußpunktes der Schotterboschung zugrunde gelegt.

v (km/h)	c	b_i	b_a	b_{wi}	b_{wa}
< 160	0,40	2,72	2,40	0,78	0,70
$160 = v \leq 200$	0,50	2,82	2,50	0,68	0,60

Planumsbreite: 6,60 m, bei NBS: 8,60 m.

Bild 48. Bettungsquerschnitt für eingleisige Strecken ohne Überhöhung

Die Oberbauhöhe beträgt ohne PSS am Auflager etwa 0,71 m.
Darin sind enthalten:

- Schiene (z B. UIC 60)	0,17 m
- Schwelle (z B. B 70)	0,24 m
- Dicke der Bettung	0,30 m
= Gerundet	0,71 m

Der Schotter soll bis zur Oberkante der Schwellen einplaniert werden. In Gleisen, die mit Geschwindigkeiten v > 140 km/h befahren werden, sind die Schwellenfächer zwischen den Schienen 3 bis 4 cm unter Schwellenoberkante wegen der Gefahr von Schotterwirbeln von Schotter freizuhalten

Vor Kopf werden die Schwellen bei örtlich zulässigen Geschwindigkeiten:

- v $\leq$ 160 km/h auf eine Breite von c = 0,4 m
- v > 160 km/h auf eine Breite von c = 0,5 m   eingeschottert.

Bei Anschlußbahnen soll die Bettungsbreite vor den Schwellenköpfen bei durchgehend geschweißtem Gleis mindestens c = 0,4 m, im Gleisbogen auf der Bogenaußenseite mindestens c = 0,5 m und bei Stoßlückengleisen mindestens c = 0,25 m betragen.

Die Neigung der Schotterböschung wird mit dem natürlichen Schüttwinkel 1 . 1,25 hergestellt. Die Ermittlung des Fußpunktes der Schotterböschung erfolgt in der Planung mit der Neigung 1 · 1,5. Die vorhandene Reserve ermöglicht bei der Durcharbeitung ein Anheben der Schiene durch weitere Unterschotterung.

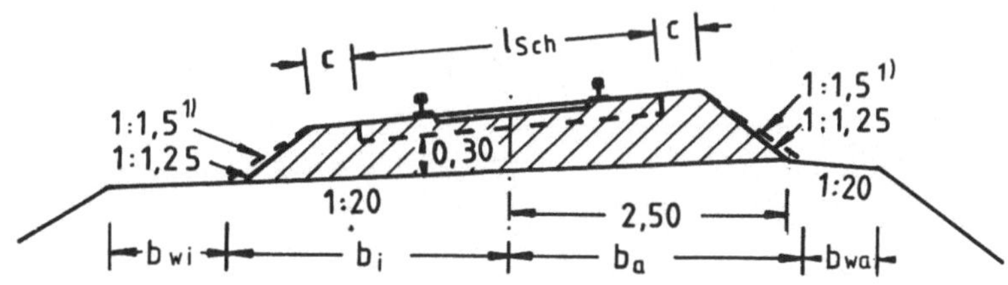

c, l_{Sch} und 1) s. Bild 48
ba, bi = Abstand zwischen Gleisachse und Boschungsfußpunkt fur die Planung.
Der Abstand hangt von der jeweils einzubauenden Uberhohung ab.

Bild 49: Bettungsquerschnitt für eingleisige Strecken in Überhohung

Die Querneigung des Planums beträgt 5 % oder 1 :20. Das Planum der eingleisigen Strecke ist unter dem Schotter einseitig geneigt. Unter einem Randweg wird eine entgegengesetzte Neigung eingebaut, um diesen nicht das Schotterbett hinein zu entwassern. Das Quergefalle soll zur Bogeninnenseite hin verlaufen. Wird ein Wechsel der Planumsneigung erforderlich, so ist dieser auf 5 m zu verziehen. Bei zweigleisigen Strecken ist das Planum dachförmig geneigt (Bild 50 + 51).

Randwege werden bei eingleisigen Strecken auf beiden Seiten neben der Gleisbettung, bei mehrgleisigen Strecken neben der Bettung der äußeren Gleise angeordnet. Wenn mehr als zwei Gleise vorhanden sind, mussen Zwischenwege angelegt werden Randwege sollen in der Geraden und an der Bogenaußenseite mindestens 0,60 m breit sein. An der Bogeninnenseite werden sie in Abhängigkeit von der eingebauten Überhöhung bis $b_{w1} = 0,95$ m verbreitert (DS 800/1).

Bei Anschlußbahnen sind Randwege wenigstens auf einer Seite des Bettungsquerschnittes in einer Breite von mindestens 0,40 m anzulegen.

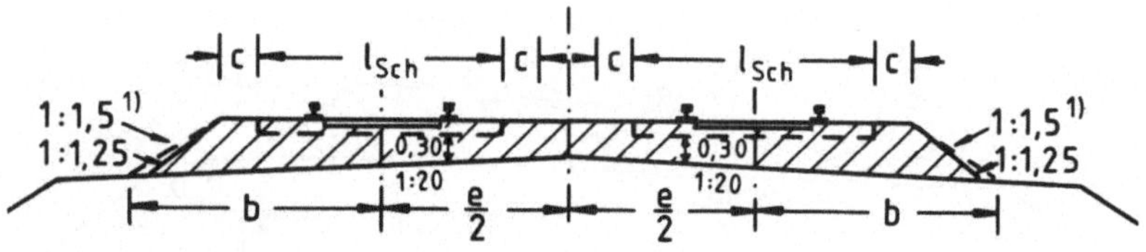

c, l_{Sch} und 1) siehe Bild 48
b = 2,72 m fur v $\leq$ 160 km/h, b = 2,85 fur 160 < v $\leq$ 200 km/h

Bild 49· Bettungsquerschnitt für zweigleisige Strecken ohne Uberhohung

Schwellenart	Querschnitt			
	eingleisig		zweigleisig	
	u = 0 mm	u = 150mm	u = 0 mm	u = 150 mm
	m3/km	m3/km	m3/km	m3/km
Holz Gr. 1	1 840	1 815	3 720	4 425
Stahl Sw 7	1 295	1 280	2 685	3 355
Beton B 70	2 065	2 040	4 150	4 865

Tabelle 28: Volumen der Bettung für Strecken mit v $\leq$ 160 km/h

In Tabelle 28 ist der Gleisabstand der zweigleisigen Strecke mit 4,00 m angenommen. Veränderungen dieses Maßes sind mit 1 % des angegebenen Volumens pro 0,10 m zu berücksichtigen. Für verdichteten Schotter kann eine Dichte von 1,65 t/m^3 angenommen werden

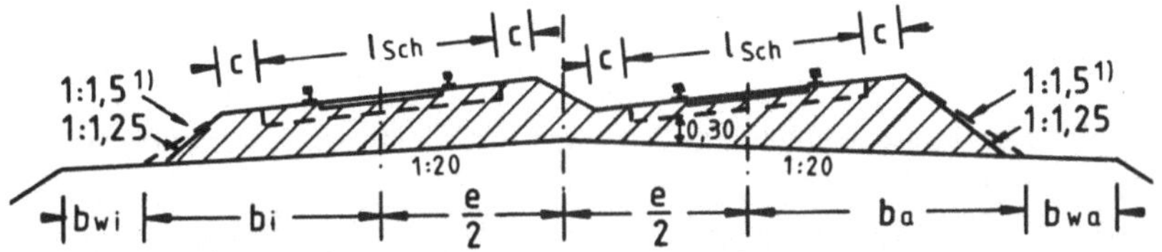

c, l_{Sch} und 1) s. Bild 48
ba, bi =   Abstand zwischen Gleisachse und Boschungsfußpunkt fur die Planung
             Der Abstand hangt von der jeweils einzubauenden Uberhohung ab.
bwa, bwi = Randwegbreite, von der jeweiligen Uberhohung abhangig

Bild 51: Bettungsquerschnitt für zweigleisige Strecken in Überhöhung

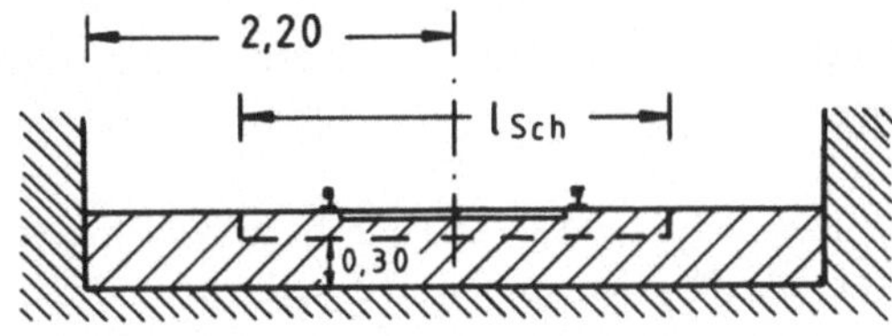

Der Raum von 2,20 m beiderseits der Achse
ist fur den Durchgang von Oberbaumaschinen
freizuhalten.

Bild 52: Bettungsquerschnitt von eingleisigen Strecken ohne Überhöhung im
         Bereich von Kunstbauten

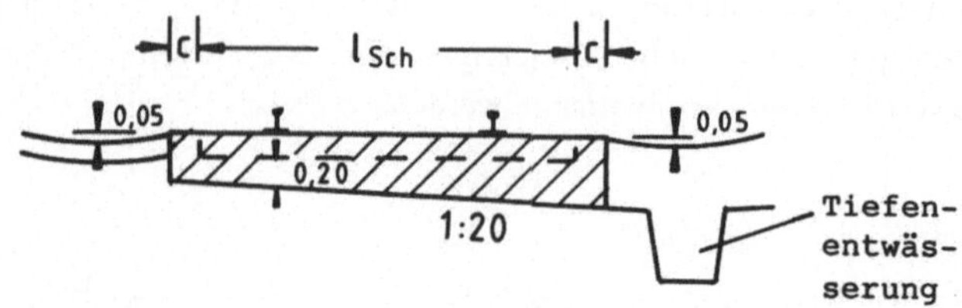

Bild 53: Bettungsquerschnitt für Gleise mit seitlich abgeschlossener Bettung
(gem. Obri-NE)

Der in Bild 53 dargestellte Bettungsquerschnitt wird bei der DB für wenig belastete Bahnhofsgleise eingeplant. Das Schottermaß vor Kopf der Schwellen beträgt hier nur c = 0,20m.

11.6 Feste Fahrbahn

Bei der Festen Fahrbahn wird das Schotterbett durch eine lastverteilende Tragplatte aus Beton oder Asphalt ersetzt. Auf dieser Platte werden die Schienen elastisch gelagert.

Bei der ersten deutschen Eisenbahn 1835 von Furth nach Nürnberg wurde bereits ein schotterloser Oberbau hergestellt. Die Schienen waren mittels Gußeisenstühlen auf Steinquadern gelagert, die in Steinpacklagen versetzt waren. Bei späteren Bauvorhaben wurden, z B. wegen schlechtem Untergrund, Längs- oder Querschwellen eingebaut.

Die erste Schnellverkehrslinie Japans, die Tokaido Bahn, wurde mit Schotteroberbau hergestellt und 1964 in Betrieb genommen. Die Unterhaltung dieser Strecke war sehr aufwendig. Deshalb wurden 745 km Neubaustrecke, die 1982 in Betrieb gingen, überwiegend mit Fester Fahrbahn gebaut

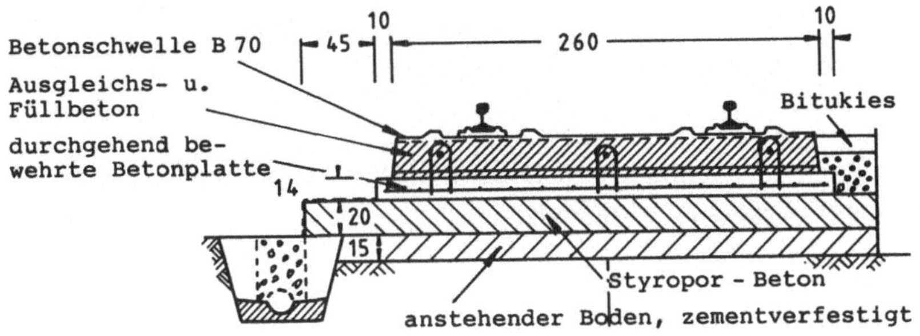

Bild 54: Betonplattenoberbau - DB Versuchststrecke Rheda

Bei der DB wurden 1972 Versuchsstrecken in Oelde und Rheda mit Fester Fahrbahn hergestellt. Untersuchungen haben gezeigt, daß der Oberbau Rheda auch für Hochgeschwindigkeitsbetrieb geeignet ist. Diese Oberbauform wurde bei der DB im Rahmen der Elektrifizierung in mehreren Tunneln des bestehenden Netzes wie auch in Bereichen der Neubaustrecke Hannover - Wurzburg eingebaut.

Die Herstellung der Festen Fahrbahn ist aufwendiger als die Herstellung des Schotteroberbaus. So wird beim System Rheda ein vorgefertigter Gleisrost, bestehend aus Schienen, Spannbetonschwellen und Bewehrung, mit Hilfe von Spindeln auf einer zuvor erstellten Betontragplatte ausgerichtet und einbetoniert. Auf diese Weise läßt sich eine exakte Spurweite und eine präzise Schrägstellung der Schienen erreichen.

Als Mindestanforderung an die Feste Fahrbahn wird eine dem Schotteroberbau vergleichbare Elastizität gefordert. Diese ist notwendig, um die bei Belastung im Schienenstützpunkt aktivierten Kräfte zu vermindern. Bei einer Verformung des Schienenstutzpunktes von etwa 1 bis 1,5 mm werden am Stützpunkt noch etwa 30 bis 50% der an der Schienenoberkante einwirkenden Kräfte wirksam.

Fur die Feste Fahrbahn ergaben sich im Versuchsstadium Vor- und Nachteile im Vergleich zum Schotteroberbau.

Vorteile:
- weitgehend wartungsfrei, damit kann ein hoher Qualitätsstandard uber einen langen Zeitraum erhalten werden.

- Ein großer Teil der Wartungsarbeiten des Schotteroberbaus wird in Zeiten nächtlicher Betriebsruhe durchgeführt. Diese Betriebsruhe ist bei Fester Fahrbahn nicht mehr notwendig

- Bei hohen Geschwindigkeiten wird kein Schotter hochgewirbelt.

- Ein uneingeschränkter Einsatz der Wirbelstrombremse - diese ist verschleißfrei - ist möglich.

- Überhöhungsüberschuß und -fehlbetrag (zul u_f bei Fester Fahrbahn = 170 mm) wirken sich bei Strecken mit gemischtem Betrieb nicht formverändernd auf die Gleislage aus.

Nachteile:
- Höhere Baukosten

- Hohere Luftschallabstrahlung

- Großer Aufwand für eventuelle Lageanderungen und Änderungen der Überhöhung.

- Bei Entgleisungsschäden wahrscheinlich lange Sperrpausen fur Reparaturen.

Auf der Grundlage dieser Erfahrungen aus den ersten Versuchsstrecken wurden Forderungen an eine Feste Fahrbahn formuliert.

- Das elastische Verhalten der Festen Fahrbahn soll dem des Schotteroberbaus entsprechen: Einfederung 1,5 mm bei 20 t.

- Die Gleislage soll über einen langen Zeitraum in Höhe und Lage konstant
und exakt eingehalten werden Dies bedingt hohen- und seitenverstellbare
Befestigungspunkte

- Über die gesamte technische Nutzungsdauer soll die Feste Fahrbahn
möglichst wirtschaftlicher sein als der Schotteroberbau

Bei folgenden Bauarten kann die Entwicklung als abgeschlossen gelten:

- Betonschwellen-Gleisrost in Betontragplatte einbetoniert (Bauart Rheda -
Sengeberg, Bauart Züblin))

- Betonschwellen-Gleisrost auf Betontragplatte oder Asphalttragschicht
verankert oder verklebt.

- Y - Stahlschwellen auf Asphalttragschicht Bauart SATO.

- Fertigteilplatten oder -rahmen auf Betontragplatte oder Asphalttragschicht
(Bauart DB/Dyckerhoff & Widmann).

In Bild 55 ist die Bauart Rheda - Sengeberg abgebildet (Quelle: Dyckerhoff &
Widmann, Heilit + Woerner). Bei der Herstellung in Tunneln der NBS wurden
180 m lange Gleisjoche in einem Betontrog, der zuvor mit einem
Gleitschalungsfertiger hergestellt wurde, verlegt. Die Soll-Gleislage wird mit
vertikalen Spindeln eingerichtet. Horizontal wird die Soll-Lage mittels
Schrauben, die an den Schwellenköpfen angebracht sind, erreicht. Die
Einstellung der Soll-Lage erfolgt in mehreren Arbeitsschritten Danach
werden die Schwellen im Trog mit Beton vergossen.

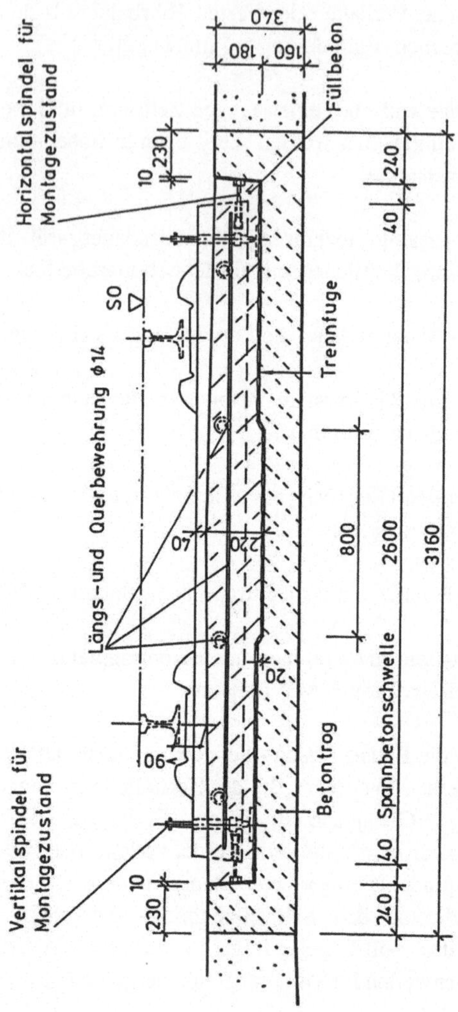

Bild 55:   Feste Fahrbahn - Bauart Rheda - Sengeberg
Querschnitt Gerade

Bei der Bauart Züblin werden Gleisroste, wie bei der Bauart Rheda, einbetoniert. Die Schwellen werden aber nicht gespindelt, sondern in den Frischbeton einer Ortbetonplatte mit einem speziellen Verlegegerät eingerüttelt.

Ein grundsätzlich anderes Prinzip wird bei der Bauart SATO angewendet: Doppelauflagerschwellen werden mittels Ankern auf einer Asphalttragschicht befestigt. Eine Abwandlung dieses Prinzips stellt das Vergießen aufgespindelter Schwellen mit Bitumen dar.

Bei Neubaustrecken wurde die Feste Fahrbahn in einigen Tunneln eingebaut. Da in Tunnelbereichen keine großen ungleichmäßigen Setzungen zu erwarten sind, boten sich diese Streckenabschnitte an. Erdbauwerke müßten sehr exakt hergestellt werden, wenn auf ihnen eine Feste Fahrbahn eingebaut werden soll. Die Setzungen dürfen 5 cm nicht überschreiten. Eine mühelose Hohenregulierung kann bis etwa 2,5 cm erfolgen. Die maximale Korrekturmöglichkeit liegt im Dezimeterbereich.

11.7 Sonderformen des Oberbaus

Zu den Sonderformen zahlen: Leitschienen, Schutzschienen sowie Führungsschienen und Fangvorrichtungen.

Mit *Leitschienen* wird der Radsatz im Gleisbogen mit Radius r < 300 m geführt, wenn die Zugfestigkeit der äußeren Schiene nicht größer als 880 N/mm^2 ist. Die bogenäußere Schiene würde bei geringerer Festigkeit sehr schnell abgenützt werden. Die Leitschiene wird parallel zur inneren Schiene im Abstand von 50 bis 60 mm eingebaut. Am Anfang und am Ende wird die Leitschiene auf eine Länge von 400 mm zur Gleisachse hin verbogen, bis eine Einlaufweite von 100 mm erreicht ist.

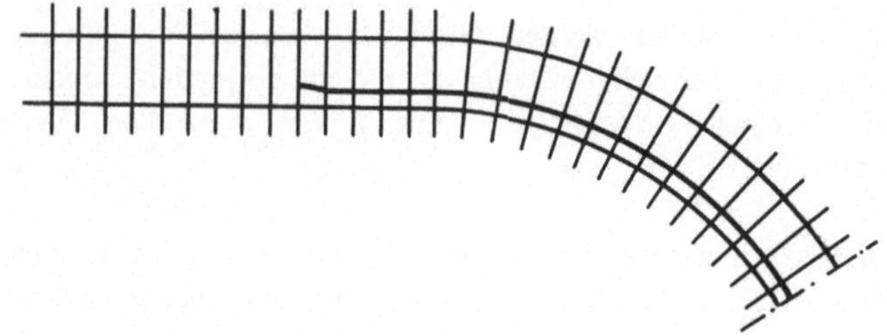

Bild 56· Anordnung der Leitschiene

Schutzschienen werden zur zusätzlichen Versteifung des Gleisrahmens und zum Schutz vor Entgleisungen verwendet. Sie werden in der Regel nur bei durchgehend verschweißtem Gleis vorgesehen und können auf unruhigem Bahnkörper, bei ungünstiger Linienfuhrung und in Gefallestrecken parallel zu den Fahrschienen im Abstand von 80 mm eingebaut werden.

Sollen die Schutzschienen auch als Entgleisungsschutz dienen, dann werden sie an der Innenseite der Fahrschienen angeordnet. Sollen sie nur der Versteifung dienen, sind sie an der Außenseite vorzusehen.

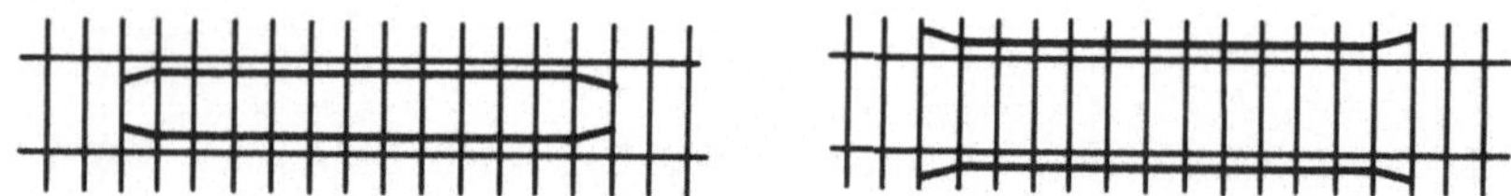

Bild 57. Anordnung der Schutzschienen

Fuhrungen und *Fangvorrichtungen* sollen Fahrzeuge nach einer eventuellen Entgleisung kontrolliert weiterführen, um größeren Schaden zu verhuten. Sie werden z B auf Brücken von mehr als 50 m Gesamtlänge eingebaut, wenn das Tragwerk entgleiste Fahrzeuge nicht vor dem Absturzen schützen kann Unter

Brücken werden sie angeordnet, wenn vorhandene Stutzen nicht für einen entsprechenden Anprall bemessen sind.

Fuhrungen und Fangvorrichtungen werden im Abstand von 180 mm parallel zur Fahrschiene an der Innenseite angeordnet Je nach örtlichen Gegebenheiten kann der Einbau einer Schiene ausreichend sein

11.8 Schienenauszüge

Mit Schienenauszügen werden Relativbewegungen der Schiene infolge betriebsbedingter Längskräfte (Bremsen, Beschleunigen) und zusätzliche Schienenlängsspannungen aus Temperatureinflüssen und Durchbiegungen sowie Schwinden und Kriechen auf Brücken ausgeglichen.

Schienenauszüge bestehen aus Backenschiene und Zunge, die sich gegeneinander in Langsrichtung bewegen können (Bild 58).
Es gibt Schienenauszüge mit Ausziehlängen von 200 mm bis 830 mm.

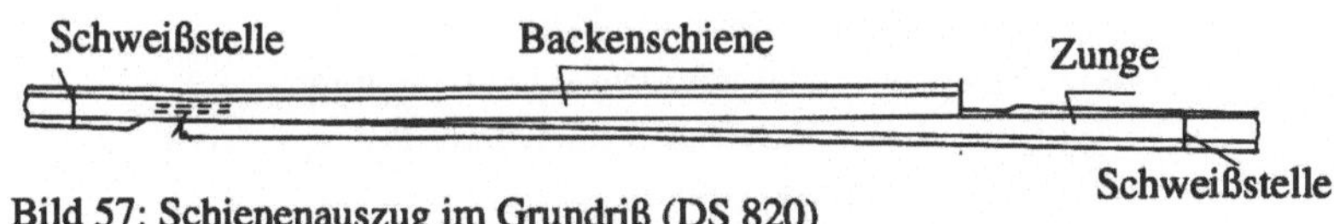

Bild 57: Schienenauszug im Grundriß (DS 820)

Anzahl und Anordnung der Schienenauszüge sind vom statischen System und von den Abmessungen der Brücken abhängig Es ist auch von Bedeutung, ob das Gleis mit oder ohne Schotterbett über die Brücke geführt wird. Bei einteiligen Tragwerken oder mehrteiligen Tragwerken mit Langskraftkoppelung mit einseitig fester Lagerung ist bei einem Gleis mit Schotterbett bei Massivüberbauten mit einer Lange > 90 m und bei Stahlüberbauten mit einer Lange > 60 m ein Schienenauszug notwendig. Unter gleichen Bedingungen wird bei einteiligen oder zweiteiligen Tragwerken mit fester Lagerung auf einer Zwischenstütze bei Betonüberbauten mit einer

Gesamtlänge > 180 m oder einer Ausgleichslänge > 90 m und bei Stahlüberbauten bei einer Gesamtlänge > 120 m oder einer Ausgleichslänge > 60 m ein Auszug erforderlich. Wenn das Gleis ohne Schotterbett geführt wird, ist ein Schienenauszug vorzusehen, wenn die Schienen auf eine freie Dehnungslänge von > 100 m längsbeweglich gelagert sind.

11.9 Mittel zur Sicherung der Gleislage

Das eingeschotterte Gleis soll die beim Verlegen hergestellte Lage in Höhe und Richtung unter den Einflüssen des Betriebes und wechselnder Temperaturen sicher beibehalten. In der Regel sind Längs- und Querverschiebewiderstand der ordnungsgemäß eingeschotterten Schwelle ausreichend, um die Lage des Gleises zu sichern. Die kraftschlüssige Verspannung zwischen verschweißter Schiene und Schwelle verhindert eine Längenänderung des Gleises durch Temperatureinflüsse. In der Schiene wirkt die Kraft aus Temperaturänderung

$$F = \alpha \cdot E \cdot A \cdot \Delta t$$

mit:= α = Dehnungskoeffizient, für Stahl $1{,}15 \cdot 10^{-5}$
            E = Elastizitätsmodul, für Stahl $2{,}1 \cdot 10^{5}$ N/mm^2
            A = Querschnittsfläche des Schienenprofils
            Δt = Temperaturunterschied

Die Erwärmung der Schiene UIC 60 um 1° C bewirkt eine Langskraft von 18,56 kN.

Es wird eine maximale Schienentemperatur von 60° C und eine minimale Schienentemperatur von -30° C unterstellt. Druckkräfte haben im Gleisrost weiterreichende Folgen als Zugkräfte. Aus diesem Grund wird der Nullpunkt der temperaturabhängigen Kräfte bei $+20^\circ$ C -dies ist die Soll-Temperatur- festgelegt. Die Schienen werden mit den Schwellen unter der Verspanntemperatur, diese beträgt 20° C +/- 3° C, verspannt. Somit können Druckkräfte aus einer Temperaturdifferenz von $\Delta t = 60^\circ - 17^\circ = 43^\circ$ C und

Zugkräfte aus $\Delta t = 23^\circ + 30^\circ = 53^\circ$ C auftreten. Dadurch sind in einer UIC 60 Schiene folgende Maximalkräfte vorhanden: Druck = 798 kN, Zug = 984 kN Für den gesamten Gleisrost verdoppeln sich diese Werte.

Im geraden Gleis befinden sich diese Kräfte im Gleichgewicht Wenn die Kräfte in Gleisbögen mit kleinem Radius unter einem entsprechenden Winkel aufeinandertreffen oder sich im Weichenbereich Ungleichgewichte aus der Anzahl der Gleisstränge ergeben, neigt das verschweißte Gleis infolge der Druckkräfte zum Ausknicken. Wenn der entgegen wirkende Querverschiebewiderstand nicht ausreicht, um die gebotenen Sicherheitsreserven zu gewährleisten, müssen zusätzlich Sicherungskappen oder Schwellenanker an den Schwellenköpfen und/oder Wanderschutzklemmen an den Schienenfüßen eingebaut werden. Eine Wanderschutzklemme mit Keilklammer ist in Bild 59 dargestellt.

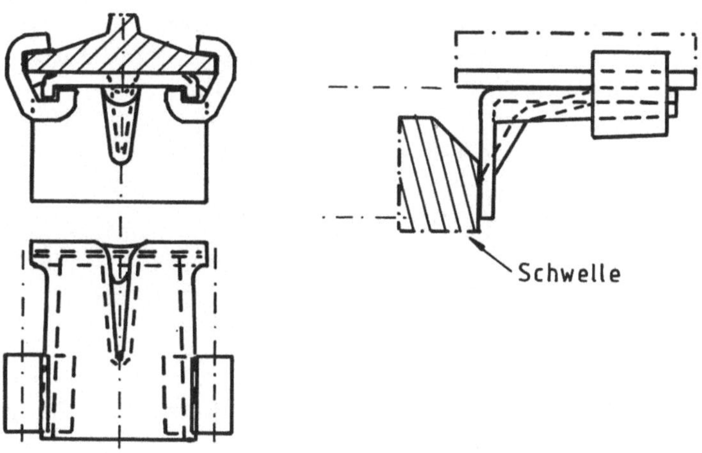

Bild 59: Wanderschutzklemme mit Keilklammer

Fur den Bereich der Deutschen Bundesbahn sind in Abhängigkeit von der Schwellenart, dem Schienenprofil und dem Querverschiebewiderstand kleinste Bogenradien festgelegt, bis zu denen Gleise verschweißt werden durfen (AzObv 42) Fur Anschlußgleise gibt es derartige Begrenzungen nicht

11.9 Gleisabschlüsse

Ein stumpf endendes Gleis muß mit einem Gleisabschluß versehen werden. Damit wird verhindert, daß Fahrzeuge über das Gleisende hinausfahren. Die kinetische Energie auffahrender Fahrzeuge soll durch den Gleisabschluß abgebaut werden Dabei sollen weder der Gleisabschluß noch das Fahrzeug beschädigt werden.

Es wird zwischen bremsenden und festen Gleisabschlüssen unterschieden. Feste Gleisabschlüsse werden an Kopframpen eingebaut. Sie können keine kinetische Energie umwandeln. Bremsende Gleisabschlüsse sind Bremsprellböcke und Prellbocke mit Schleppschwellen.

Die kinetische Energie der Fahrzeuge

$$E = (m_{Zug} \cdot v^2) / 2$$

wird durch die Bremsarbeit

$$w = F \cdot l_w \ (kJ)$$

des Prellbockes abgebaut. Darin ist F die Bremskraft des Gleisabschlusses und l_w die Länge des Bremsweges

Wenn der Gleisabschluß besondere Anlagen vor dem Aufprall schutzen soll, dann muß $w \geq 1,5 - E$ sein. Die Produktbeschreibungen der Anbieter geben Auskunft über die Bremsarbeit der einzelnen Bremsprellböcke.

In Bild 60 ist eine Bremsprellbock 8EB der Firma Rawie abgebildet Er verfügt uber 8 Bremselemente Die Anfangsbremskraft betragt 240 kN, die maximale Bremskraft 320 kN und die Bremsarbeit auf 5 m = 1 600 kJ.

Für die Berechnungen sind zwei Auflaufgeschwindikgeiten zu unterscheiden· für Zugfahrten 15 km/h und für Rangierfahreten 10 km/h

Beim Aufprall wird der Bremsprellbock aus seiner Soll-Lage verschoben. In diese wird er wieder mit der Rückholvorrichtung gebracht.

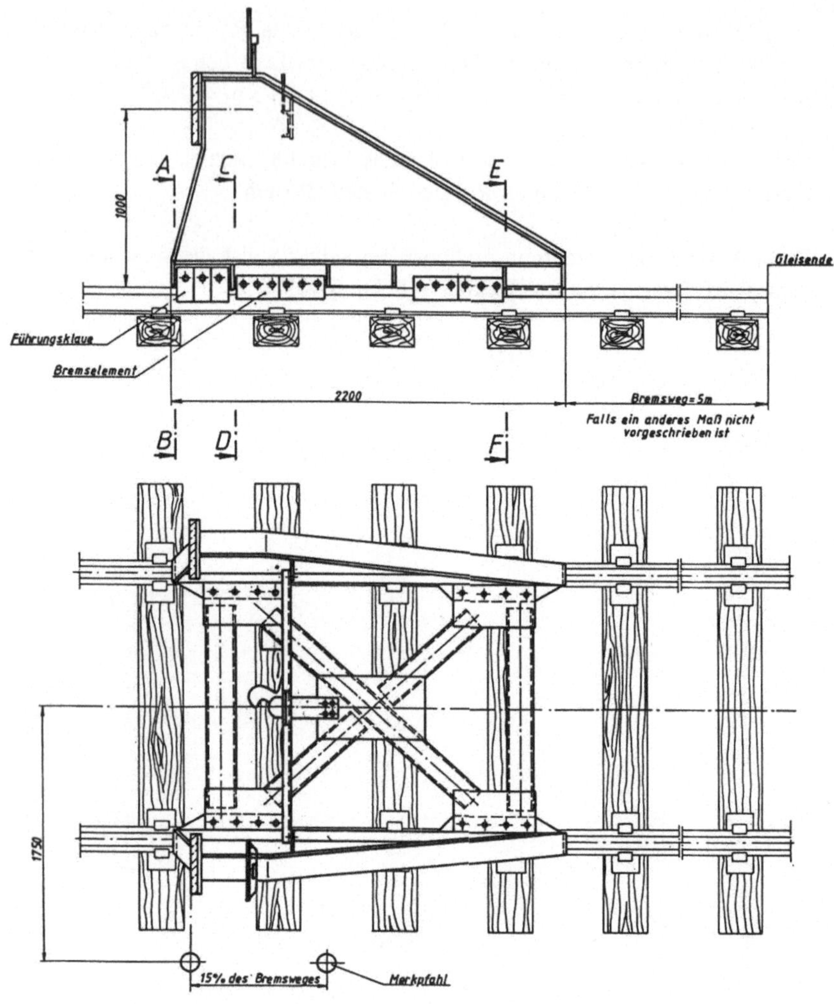

Bild 60.1; Bremsprellbock, Langsschnitt und Grundriß

Bild 60· Bremsprellbock 8EB von Rawie

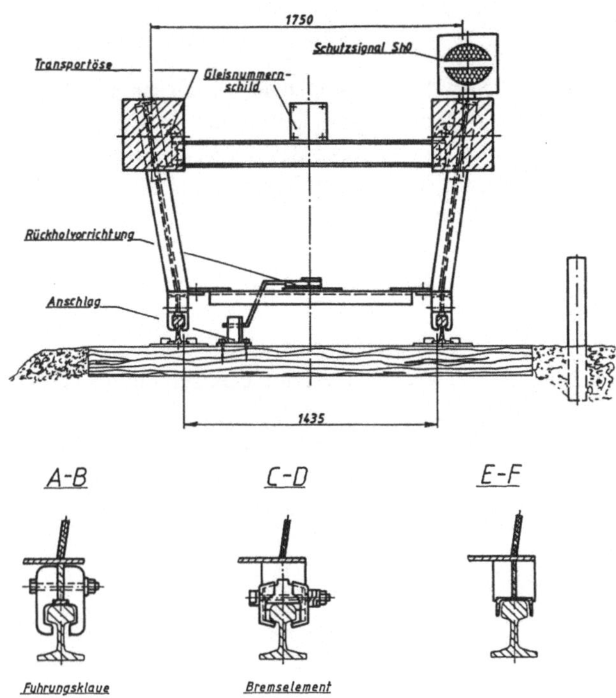

Bild 60.2· Bremsprellbock, Querschnitt und Detailschnitte

12 Weichen und Kreuzungen

Weichen ermöglichen das Abzweigen und das Zusammenführen von Gleisen
Nebeneinander verlaufende Gleise können mittels Weichenverbindungen und
-straßen miteinander verbunden werden. Wenn derartige Verbindungen andere
Gleise kreuzen, sind Kreuzungen einzubauen. Durch Kreuzungsweichen
können Gleise gekreuzt oder verbunden werden.

Folgende Begriffe und Abkürzungen werden verwendet.

Stammgleis
: Bei einfachen Weichen das gerade Gleis, bei Bogen-
-weichen das schwacher gekrümmte Gleis mit Radius r_s.

Zweiggleis
: Das aus dem Stammgleis abzweigende Gleis. Bei
einfachen Weichen wird der Zweiggleisradius mit r_0, bei
Bogenweichen mit r_z bezeichnet.

WA
: Weichenanfang

WE
: Weichenende

Grundform
: Die Standardtypen einfacher Weichen und Kreuzungen
werden als Grundform bezeichnet Aus der Grundform
werden Bogenweichen und Weichen mit verlängertem
oder verkürztem Zweiggleis, bzw. Bogenkreuzungen,
Kreuzungsweichen und Bogenkreuzungsweichen abgeleitet

Weichenneigung
: Tangens des Weichenwinkels. $\tan \alpha = 1 : n$

WTS
: Schnittpunkt der Tangente im Endpunkt des
Zweiggleisbogens (in Gleisachse) mit der
Stammgleisachse

Weichenwinkel
: Der Winkel im WTS Er wird mit α bezeichnet.

Bezeichnung	Skizze	Abkürzung
<u>Einfache Weichen</u> (EW) als gerade Weichen		EWr (rechts)
		EWl (links)
und daraus abgeleiteten Bogenweichen Innenbogenweiche		IBW
Außenbogenweiche		ABW
<u>Doppelweichen</u> (DW) Einseitige Doppelweiche		EinsDW
Zweiseitige Doppelweiche		DW
<u>Kreuzungen</u> (Kr)		Kr
und daraus abgeleiteten Bogenkreuzungen		BKr
<u>Kreuzungsweichen</u> (KW) Einfache Kreuzungsweiche		EKW
und daraus abgeleiteten - einfachen Bogenkreuzungsweichen Innenbogenkreuzungsweiche		EIBKW
Außenbogenkreuzungsweiche		EABKW
Doppelte Kreuzungsweiche		DKW
und daraus abgeleiteten - doppelten Bogenkreuzungsweichen		DBKW

Tabelle 29· Übersicht über Weichen und Kreuzungen

12.1 Einfache Weichen

Eine einfache Weiche besteht aus drei Hauptteilen (Bild 61):

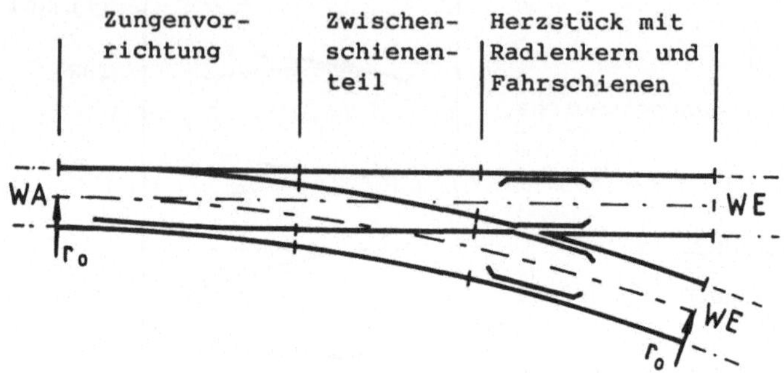

Bild 61. Weichenhauptteile

In Bild 62 ist eine einfache Weiche verzerrt dargestellt. Die wichtigsten
Bauteile sind bezeichnet.

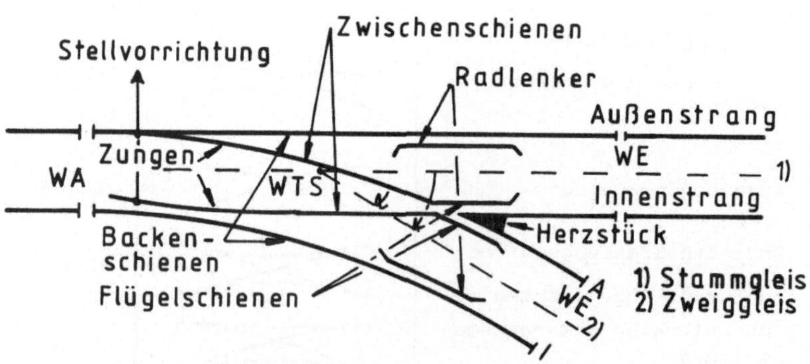

Bild 62· Bestandteile einer einfachen Weiche

Bei den Weichen der Grundform werden nach der Lange des Zweiggleisbogens unterschieden

-Weichen mit gebogenem Herzstuck (Bild 63 u 67)
-Weichen mit geradem Herzstuck   (Bild 64 u. 68)

Von Weichen mit gebogenem Herzstuck werden Weichen mit Bogenherzstuck und gerader Fortführung des Zweiggleises (Bild 65) und Weichen mit Fortführung des Zweiggleisbogens bis zu einer definierten steileren Neigung abgeleitet.

Weichen werden so bezeichnet, daß ihre oberbautechnischen und betrieblichen Merkmale aus der Bezeichnung erkannt werden konnen. Dazu folgendes Beispiel:

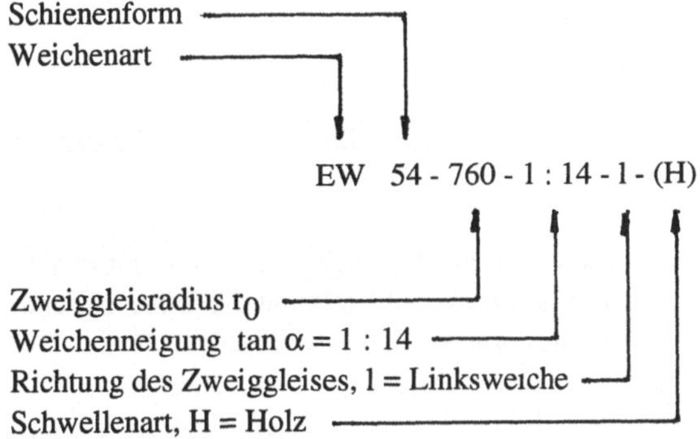

Für die einzelnen Merkmale gibt es folgende Varianten (und Abkürzungen):

Weichenart·   EW =   einfache Weiche
                     DW =   Doppelweiche
                     IBW = Innenbogenweiche
                     ABW = Außenbogenweiche

Schienenform.   49 = S 49, Vignolschiene, Gewicht 49 kg/m
                     54 = S 54, Vignolschiene, Gewicht 54 kg/m
                     60 = UIC 60, Vignolschiene, Gewicht 60 kg/m

Zweiggleisradius   Regelweichen werden mit den Zweiggleisradien 190, 215,
                     300, 500, 760, 1200 und 2500m, sowie mit
                     Zweiggleiskorbbogen 6 000 / 3 700 und 7 000 / 6 000
                     hergestellt.

Weichenneigung·   Es wird der Tangens des Weichenwinkels angegeben.
                     z B.: 1 : 4,8; 1 : 7,5; 1   9,. ..... 1 . 32,5, 1 · 42.

Richtung des   Betrachtung von WA in Richtung WE
Zweiggleises   l = Linksweiche
                     r = Rechtsweiche

Schwellenart.   B = Betonschwelle
                     H = Hartholzschwelle
                     St = Stahlschwelle

Für Y - Unterschwellung gibt es keine DB - Bezeichnung, da diese Schwellen
noch nicht als Regelbauart eingeführt sind

Damit der Spurkranz die Weiche durchlaufen kann, muß die Fahrkante
zwischen Flügelschienen und Herzstück (s Bild 62) unterbrochen werden
Hier entsteht planmäßig ein führungsloser Bereich: die Herzstucklücke. Das
Abirren der Räder verhindern Radlenker im Stamm- und Zweiggleis. Die
Herzstücklucke kann durch eine bewegliche Herzstückspitze überbruckt
werden. In einem derartigem Fall wird die Weichenbezeichnung mit dem
Zusatz

                     gb = gelenkig beweglich
                     fb = federnd beweglich

versehen.

Fahrkantenbilder	Darstellung und Bezeichnung im Lageplan

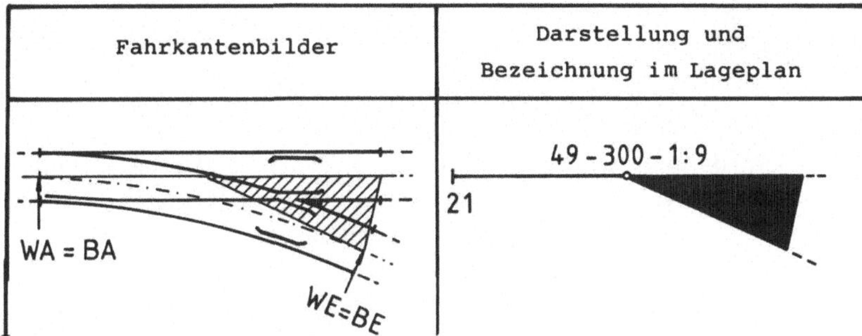

Bild 63: Einfache Weiche mit gebogenem Herzstück

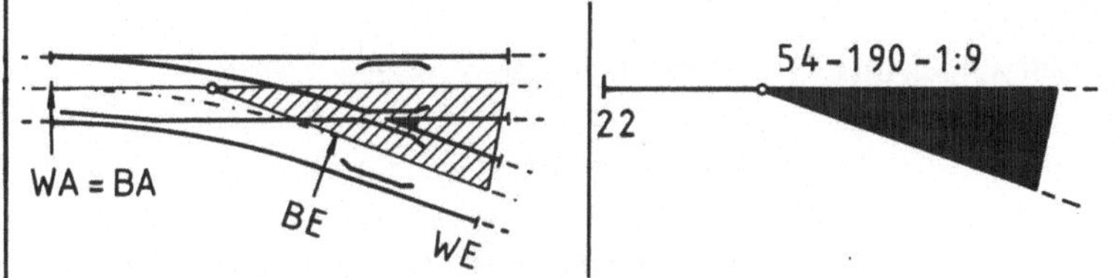

Bild 64: Einfache Weiche mit geradem Herzstück

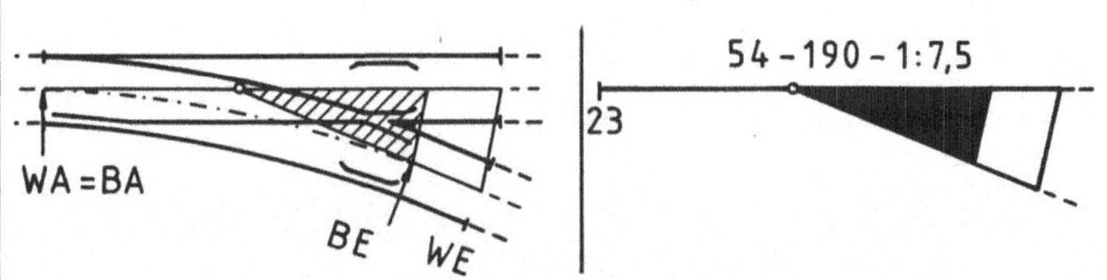

Bild 65: Einfache Weiche mit Bogenherzstück und gerader Fortführung des Zweiggleises bis zum Weichenende

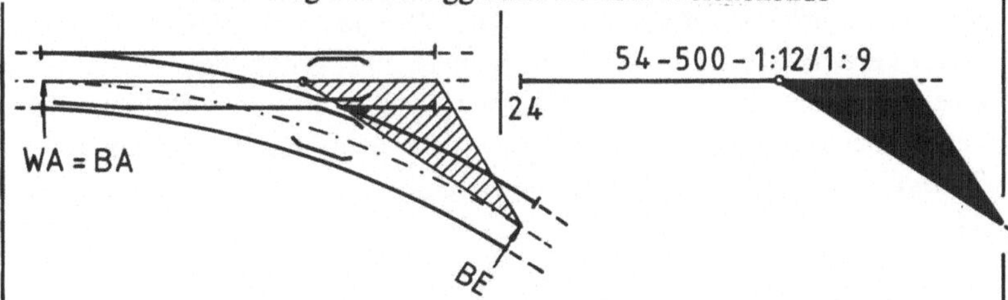

Bild 66: Einfache Weiche mit Bogenherzstück und Fortführung des Zweiggleisbogens

Im Lageplan werden einfache Weichen durch WA, WTS und WE dargestellt (Bilder 63 bis 66):

WA = kleiner Strich senkrecht zur Gleisachse
WTS= im Abstand l_t von WA Kreis ϕ 1,3 mm im Maßstab 1 · 1 000
WE = die Weichenenden auf Stamm- und Zweiggleis werden
      miteinander verbunden Das entstehende "Weichendreieck" ist
          - bei fernbedienten Weichen zu schwärzen,
          - bei ortsbedienten Weichen im Abstand von 1,3 mm
           (Maßstab 1 :1000) unter 45° zur Stammgleisachse zu
           schraffieren.

Weichen werden im Lageplan mit folgenden Aussagen beschriftet:

        - Weichennummer auf Zweiggleisseite neben WA
        - Schienenform, Zweiggleisradius und Weichenneigung
          auf der Stammgleisseite etwa in Weichenmitte.
        - Bei Bogenweichen werden r_s und r_z angeschrieben.

12.2 Weichengeometrie

Maßgebendes Unterscheidungsmerkmal gerader einfacher Weichen ist die Form des Herzstucks. Wenn der Zweiggleisradius vor dem Herzstück endet, wird der abzweigende Teil des Herzstückes gerade ausgebildet. Wenn der Zweiggleisradius über das Herzstück hinaus geführt wird, muß ein Bogenherzstuck eingebaut werden. Die Weichen mit geradem Herzstuck wurden entwickelt, um in Gleisverbindungen auch bei geringem Gleisabstand eine möglichst lange Zwischengerade l_g zu erhalten. Nur mit einer entsprechenden Zwischengeraden kann die Verbindung mit der fur das Zweiggleis der Weiche zugelassenen Geschwindigkeit befahren werden (Kap. 14).

Der Zweiggleisbogen der Weichen ist bis $r_0 = 2\,500$ m ohne Übergangsbogen ausgebildet und nicht überhoht Die im Zweiggleis zugelassene Geschwindigkeit ergibt sich aus:

$$\min r = 11,8 \cdot v^2 / (u + \text{zul } u_f)$$

mit $u = 0$ und $u_f = 100$ mm (dies entspricht einer Seitenbeschleunigung $a_r = 0,65$ m/s^2) :

$$\min r = 0,118 \ v^2$$

Die zulässige Geschwindigkeit im Zweiggleisbogen mit dem Radius r_0 beträgt:

$$\text{zul } v = 2,91 \cdot (r_0)^{-1/2}$$

r_0 (m)	zul v(km/h)	r_0 (m)	zul v(km/h)
190	40	1 200	100
300	50	2 500 [*]	130
500	65	6 000 / 3 700	160
760	80	7 000 / 6 000 [*]	200

[*] $u_f = 80$ mm, damit $a_r = 0,52$ m/s^2

Tabelle 30· Zulässige Geschwindigkeit im Zweiggleis der Regelweichen.

Bei NE - Bahnen werden neben Regelweichen der DB auch Weichen mit Zweiggleisradien $r_0 = 100$ m und $r_0 = 140$ m eingebaut. Bei Neuanlagen sollen Weichen mit einem Radius $r_0 = 100$ m nicht mehr vorgesehen werden

In den Bildern 67 und 68 ist die Geometrie der einfachen geraden Weichen dargestellt. Die Tangentenlänge l_t berechnet man aus $l_t = r_0 \cdot \tan (\alpha / 2)$. Die Maße b und l_{Hg} sind konstruktionsbedingt. s ist das Maß zwischen Weichenende und letzter durchgehender Schwelle (s Kap. 12.3.5). Die Absteckmaße der Weichen sind in Kap. 12.9 zusammengestellt.

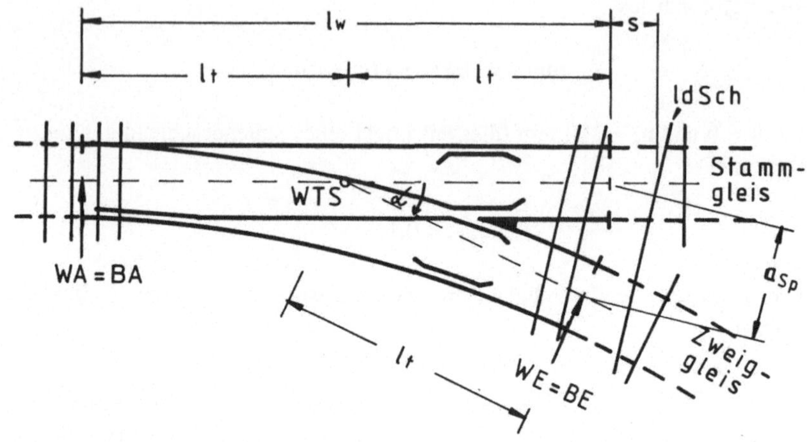

Bild 67· Geometrie der einfachen Weiche mit Bogenherzstuck

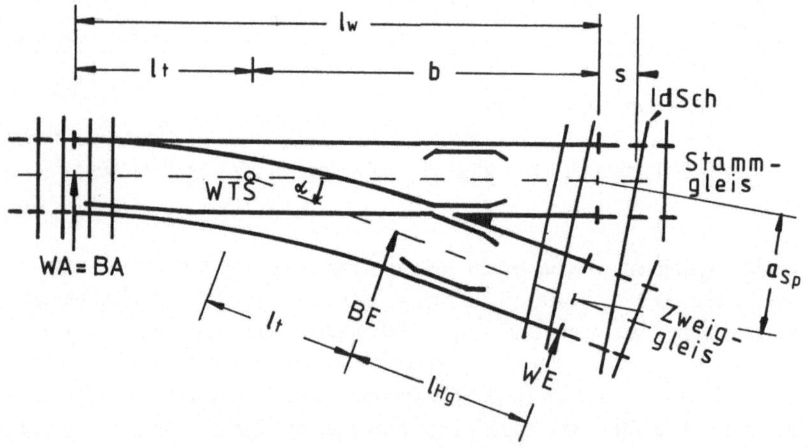

Bild 68. Geometrie der einfachen Weiche mit geradem Herzstück

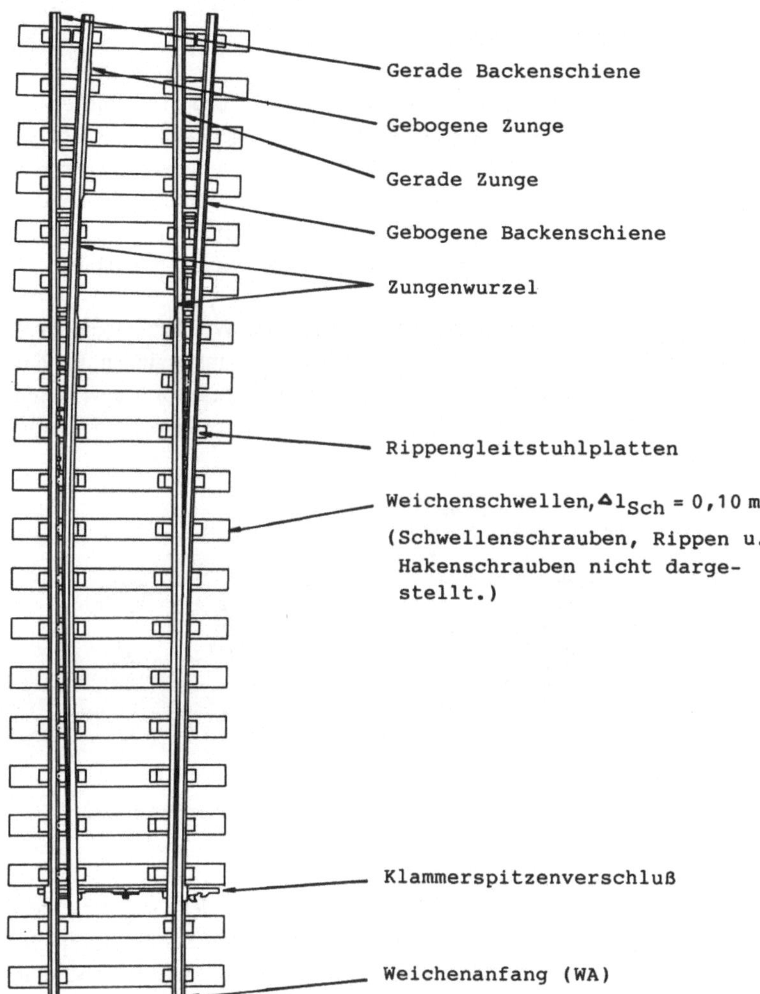

Bild 69: Zungenvorrichtung einer einfachen Weiche

12.3 Bauteile der Weichen

12.3.1 Zungenvorrichtung

Die Zungenvorrichtung besteht aus zwei Zungen und zwei Backenschienen. Die Zunge im Außenstrang des Zweiggleises ist gebogen (Bild 69). Sie liegt bei Fahrwegeinstellung in das Zweiggleis an der geraden Backenschiene an. Die Zunge im Innenstrang des Stammgleises ist gerade. Bei Fahrt in das Stammgleis liegt sie an der gebogenen Backenschiene an. Der Anfang der Zunge wird als Zungenspitze, ihr Ende als Zungenwurzel bezeichnet.

Der Zweiggleisbogen beginnt mathematisch am Weichenanfang. In diesem Punkt müßte die Zungenspitze mit der Dicke null mm beginnen und dann mit fortschreitender Lange bis auf das volle Schienenprofil anwachsen. Ein derartiges Profil würde im Anfangsbereich Belastungen aus Betriebseinflussen micht standhalten.

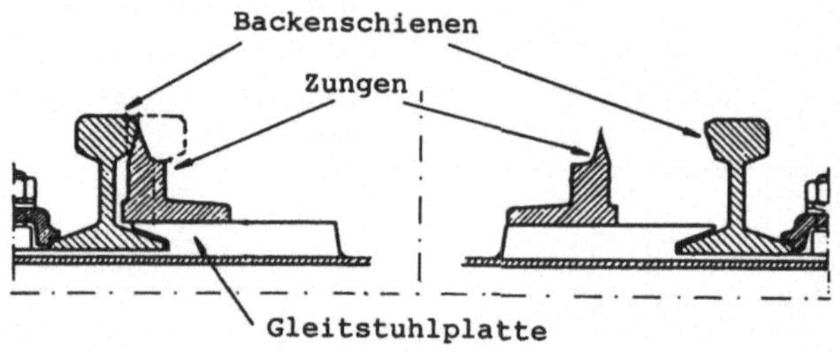

Bild 70: Querschnitt durch die Zungenvorrichtung (Zungenspitze)

Die Zunge beginnt an der Stelle, an der sie -von der Geometrie her- eine Stärke von ca. 5 mm erreicht hat. Der Bereich der Zunge, der noch keine Vertikallasten aufnehmen kann, verläuft unter der Schienenoberkante der Backenschiene (Bild 70). Die Laufflächen der Rader rollen nur auf den Backenschienen. Der Spurkranz wird aber bereits von der Zunge geführt. Die dabei auftretenden Horizontalkräfte werden ebenfalls in die Backenschienen eingeleitet.

Zungenspitzen können auf zwei Arten konstruiert werden:

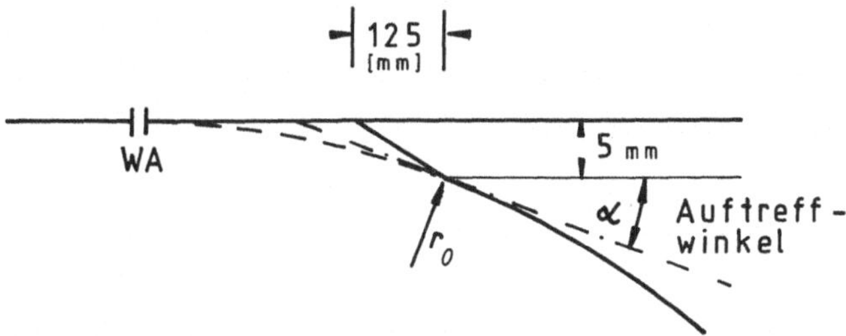

Bild 71: Geometrische Gestaltung der Zunge mit Auftreffwinkel

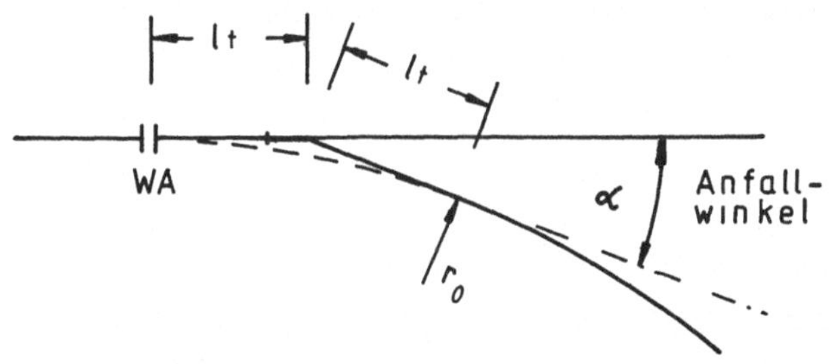

Bild 72: Geometrische Gestaltung der Zunge mit Anfallwinkel

Konstruktion der Zunge mit Auftreffwinkel (Bild 71)·
der Zweiggleisradius tangiert die Backenschiene des Stammgleises theoretisch in WA. Die Zunge wird, wenn sie eine Dicke von ca. 5 mm hat, auf eine Länge von 125 mm gegen die Backenschiene gebrochen.

- Konstruktion der Zunge mit Anfallwinkel (Bild 72):
der Bogenanfang des Zweiggleises ist auch hier theoretisch in WA. Tatsächlich wird das letzte Stück des Bogens der Zungenspitze durch eine Tangente an den Zweiggleisbogen hergestellt. Der Knickpunkt liegt um l_t von WA entfernt. Die Tangente ist, abhängig vom Zweiggleisradius, zwischen

$l_t = 1,25$ m und $l_t = 2,63$ m lang. UIC - und S 54 - Weichen werden mit dieser Zungenvorrichtung versehen.

Die Zungenwurzel -in diesem Punkt geht die Zunge in das ungeschwachte Profil der Zwischenschiene über- kann ebenfalls verschieden konstruiert werden:

- das Ende der Zunge ist als Gelenk ausgebildet (= Gelenkzunge, Gz),

- das Profil der Zunge wird geschwacht. So wird eine Stelle geschaffen, in der die Zunge federn kann (= Federzunge, Fz),

- die Zunge wird bis in den Bereich der Zwischenschienen gefuhrt. Eine Schwächung des Schienenfußes laßt den für den Umstellvorgang erforderlichen Federweg zu (= Federschienenzunge, Fsch).

12.3.2 Zwischenschienenteil

Die Zwischenschienen bestehen aus unbearbeiteten Regelschienen. Diesem Weichenteil kommt bei Bogenweichen besondere Bedeutung zu. Die beim Biegen entstehenden Längenänderungen werden hier durch geeignete Abmessungen der Zwischenschienen ausgeglichen.

12.3.3 Herzstück und Radlenker

Das Herzstück besteht aus der Herzstückspitze und den beiden Flügelschienen. Seine Konstruktion ermoglicht das Überfahren der Durchschneidungsstellen sich kreuzender Schienenstränge.

Bei einem starren Herzstück ist eine planmaßige Unterbrechung der Fahrkante an der Durchschneidungsstelle vorhanden. Mit einem beweglichen Herzstück kann für den jeweiligen Fahrweg eine durchgehende Fahrkante hergestellt werden.

Das Herzstuck ist gerade, wenn der Bogen des abzweigenden Stranges vor dem Herzstück endet. Ein Bogenherzstück entsteht, wenn der Bogen des abzweigenden Stranges uber das Herzstuck hinaus -in der Regel bis zum Bogenende- gefuhrt wird.

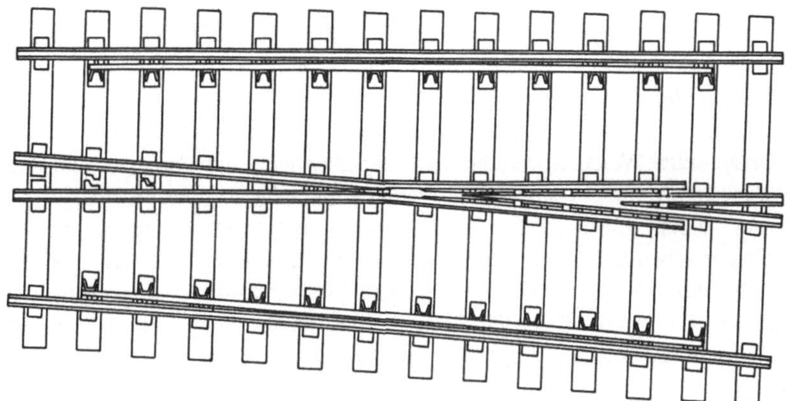

Bild 73: Bogenherzstuck mit Radlenkern einer einfachen, geraden Weiche

Die Radlenker sind an der dem Herzstück gegenüberliegenden Backenschiene eingebaut. Sie sind gegenüber der Fahrschiene um 20 mm überhöht. Ihre Aufgabe ist es, den Radsatz im fuhrungslosen Bereich zu leiten und somit harte Anlaufschlage des Rades gegen die Herzstückspitze zu vermeiden.

Die Herzstuckspitze ist gegenüber den Fahr- und Flügelschienen um 8 mm abgesenkt. Die Laufflachen der Räder rollen in diesem Bereich auf der Flügelschiene. Hier werden die Vertikalkräfte übertragen. Die Herzstuckspitze übernimmt lediglich die seitliche Fuhrung des Spurkranzes

Die Weichen der Straßenbahnen sind, wenn sie im Straßenraum verlegt werden, aus Rillenschienen hergestellt. Im Herzstuckbereich ist die Rille derart flach ausgebildet, daß das Rad auf dem Spurkranz rollt. Somit wird die Herzstückspitze auch bei diesen Weichen nicht vertikal belastet.

12.3.4 Antrieb und Verschluß

Die Weichenzungen werden von einem Antrieb mittels einer Schieberstange in eine zweifelsfreie Endstellung bewegt. Eine Verschlußeinrichtung sichert diese Stellung.

Ortsgestellte Weichen werden über einen Stellhebel mit Gegengewicht durch Muskelkraft vor Ort angetrieben. Ferngestellte Weichen können mechanisch oder durch einen elektrischen Antrieb umgestellt werden. Bei der mechanischen Bedienung ist die Weiche über Stahldrähte mit dem Stellwerk verbunden. Die Weichenzungen werden durch Umlegen eines Hebels im Stellwerk verstellt. Der elektrische Antrieb erfolgt durch Gleichstrom oder Drehstrommotore, die direkt an der Weiche installiert sind.

Der Weichenverschluß ist an der Zungenspitze eingebaut (Bild 69). Weichen mit Zweiggleisradius > 500m erhalten zusätzliche Verschlusse. Die Weiche 7 000 / 6 000 - 1 . 42 hat eine 56 m lange Zungenvorrichtung, die mit 8 Verschlüssen ausgestattet ist.

Verschlüsse verschließen die anliegende Zunge mit der Backenschiene (Bild 74). Damit ist gewährleistet, daß der Spurkranz nicht zwischen Zunge und Backenschiene geraten kann. Gleichzeitig wird die Verschlußklammer der abliegenden Zunge durch die Schieberstange im Verschlußstück festgelegt. Damit bleibt der für den Raddurchgang erforderliche Abstand zwischen abliegender Zunge und Backenschiene sicher erhalten. Beim Stellvorgang des Klammerspitzenverschlusses wird die Schieberstange 220 mm, die Zungen je 160 mm bewegt. 60 mm werden zur Ent- bzw. Verriegelung des Verschlußstückes benotigt.

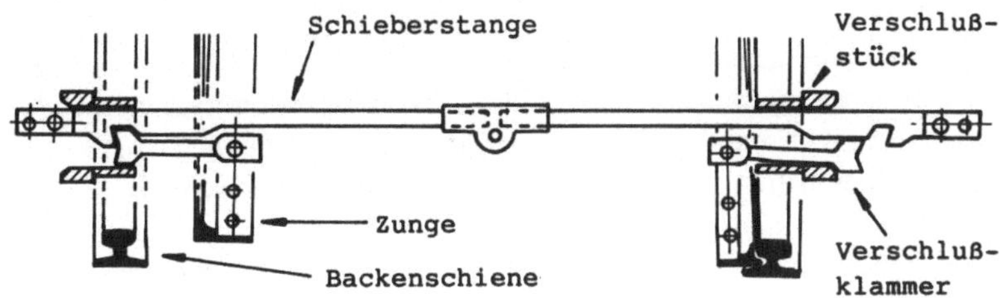

Bild 74. Klammerspitzenverschluß

Seit über 40 Jahren werden Weichen mit Klammerspitzenverschlüssen versehen. Es gibt noch Landerweichen mit Hakenspitzenverschluß oder auch mit Gelenkspitzenverschluß.

12 . 3 . 5 Unterschwellung

Die Weichenschwellen sind am Weichenanfang 2,60 m und am Weichenende bis zu 4,70 m lang. Die Länge der Schwellen ist von 10 zu 10 cm abgestuft. Nach der letzten durchgehenden Schwelle (ldSch) werden im Stamm- und im Zweiggleis Kurzschwellen mit 2,20 m bis 2,50 m Länge eingebaut, bis der Abstand der Gleisachsen im Verzweigungsbereich den Einbau von Regelschwellen zuläßt.

Eine Weiche ist vom Weichenanfang bis zur letzten durchgehenden Schwelle ein starres Gebilde. Die letzte durchgehende Schwelle liegt hinter dem Weichenende. Diese Schwellen gehören zum Weichenschwellensatz und werden mit der Weiche geliefert. Deshalb muß der Trassenverlauf zwischen WE und ldSch bei der Bestellung angegeben werden.

Es gibt zwei Regelausführungen der durchgehenden Schwellen: der eine Regelfall liegt vor, wenn Stammgleis und Zweiggleis nach dem Weichenende gerade verlaufen, der andere Regelfall liegt vor, wenn das Stammgleis nach dem Weichenende gerade und das Zweiggleis mit dem Weichenradius über das Weichenende hinaus fortgeführt wird. Davon abweichende Konstruktionen müssen als Sonderentwurf gefertigt werden. Dies ist z.B. für die Ersatzteilbeschaffung unwirtschaftlich und soll vermieden werden.

Weichen werden in der Regel auf Hartholz- oder auf Spannbetonschwellen verlegt Stahl - Trogschwellen werden nicht mehr neu hergestellt, Stahl - Y - Schwellen sind versuchsweise eingebaut.

Die Schwellen der Regelweichen werden fächerförmig zum Bogenmittelpunkt gerichtet eingebaut. Davon ist die EW 190 ausgenommen: ihre Schwellen werden senkrecht zur Stammgleisachse verlegt. Die durchgehenden Schwellen außerhalb der Weichen werden bei allen Bauformen senkrecht zur Winkelhalbierenden eingebaut

12.4 Doppelweichen

Wenn zwei einfache Weichen "ineinander geschoben" werden, dann entsteht eine Doppelweiche. Bei einer einseitigen Doppelweiche (EinsDW) zweigen beide Zweiggleise zur gleichen Seite ab (Bild 75). Diese Weiche gibt es bei nur in der Ausführung EinsDW 190 - 1 . 9. Die Tangentenneigung der abzweigenden Gleise betragt jeweils 1·9.

Wenn die beiden Weichen in entgegengesetzte Richtungen abzweigen, entsteht eine zweiseitige Doppelweiche. Für eine derartige Konstruktion können alle einfachen Weichen verwendet werden.

Doppelweichen haben drei Herzstücke. Die kurz aufeinander folgenden Radlenker, Flügelschienen und Herzstücke führen zu einem unruhigen Fahrzeuglauf. Der Einbau der Doppelweichen ist schwierig, der Unterhaltungsaufwand ist hoch. Deshalb sollten Doppelweichen nur unter dem Zwang beengter Verhaltnisse angeordnet werden.

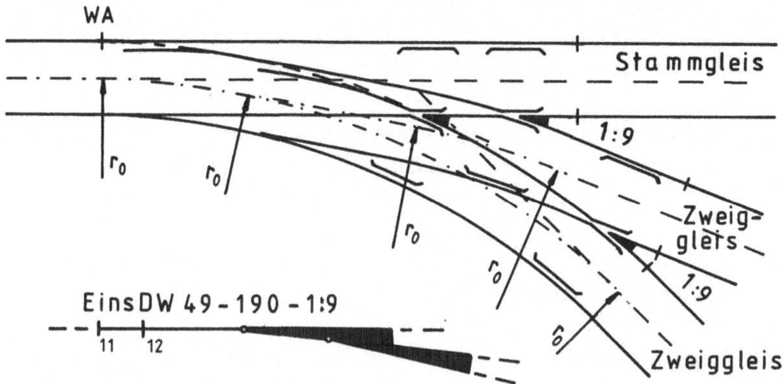

Bild 75. Einseitige Doppelweiche

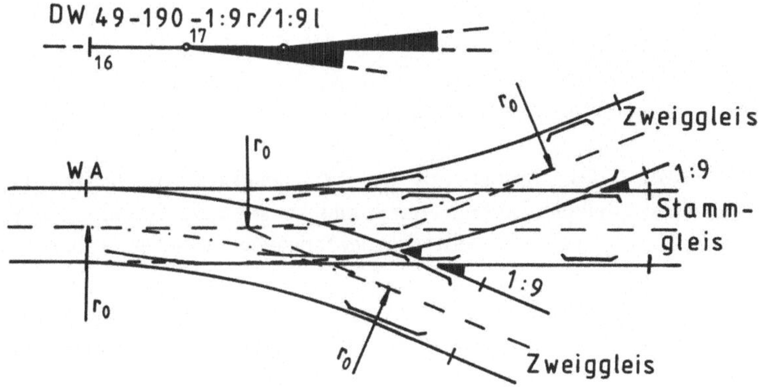

Bild 76. Zweiseitige Doppelweiche

12.5 Bogenweichen

Einfache Weichen können auf ihre gesamte Länge zu Bogenweischen gebogen werden Hierzu werden bevorzugt Weichen mit Bogenherzstuck verwendet.

Liegen die Mittelpunkte von Stamm- und Zweiggleisbogen auf der gleichen Seite der Weiche, entsteht eine Innenbogenweiche (IBW); liegen sie auf entgegensetzten Seiten, entsteht eine Außenbogenweiche (ABW) (Bild 77).

Der Weichenwinkel α bleibt in beiden Fällen erhalten Die Neigung der Weichengrundform ändert sich nicht

Beim Biegen der Weiche ändern sich die Längen der Innen- und Außenschienen. Damit die Backenschienen, Weichenzungen, Radlenker und Herzstucke die Abmessungen der Weichengrundform beibehalten konnen, werden die erforderlichen Längenänderungen in den Zwischenschienen vorgenommen.

Das Grundmaß der Spurweite beträgt nach §15 EBO 1 435 mm. Sie darf nicht kleiner als 1 430 mm sein. Diese Vorschrift gilt für Radien bis r = 175 m. Bei kleineren Radien ist eine Spurerweiterung erforderlich.

Die Spurweite des Zweiggleises der Weichengrundform bleibt in der Bogenweiche erhalten. Diese Vorgabe und konstruktive Gründe fuhren zu einer Begrenzung der Zweiggleisradien der Innenbogenweichen (Tabelle 31).

Bei der Deutschen Bundesbahn gibt es eine symmetrische Außenbogenweiche 215 - 1 : 4,8 als Regelweiche, bei den NEBahnen die symmetrischen Außenbogenweichen 140 - 1 : 7 und 200 - 1 .9.

Im Lageplan wird der Weichenanfang einer Bogenweiche mit einem Kreis gekennzeichnet (Bild 78). Hier wird die Weichennummer angeschrieben Der Bereich zwischen Stamm- und Zweiggleis wird bis zum Weichenende bei ferngestellten Weichen schwarz angelegt, bei ortsgestellten Weichen schraffiert. Der Radius des Stamm und Zweiggleises wird angeschrieben.

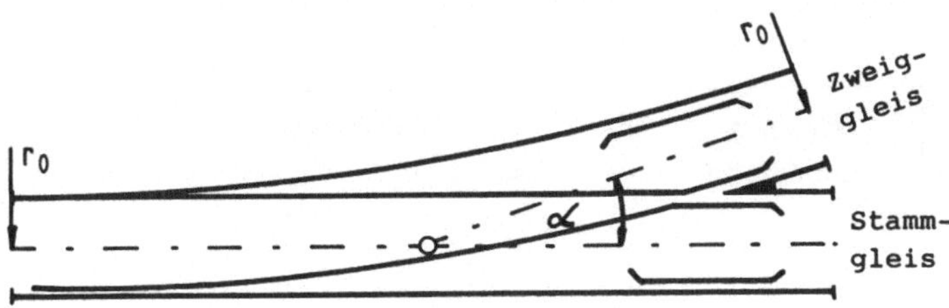

Bild 77.1: Einfache gerade Weiche mit Bogenherzstück

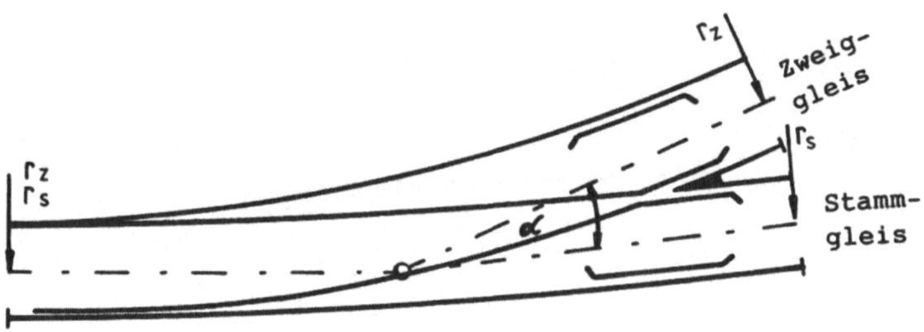

Bild 77.2: Innenbogenweiche abgeleitet aus der Weichengrundform Bild 77.1

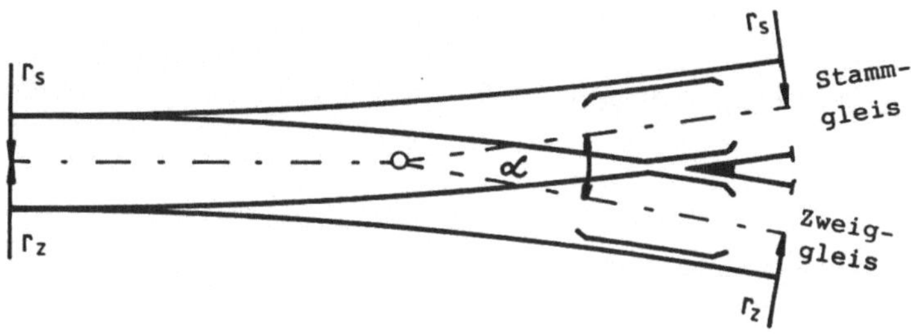

Bild 77.3: Außenbogenweiche abgeleitet aus der Weichengrundform Bild 77.1

Bild 77: Gerade Weiche und daraus abgeleitete Bogenweichen

Weichen-grundform	Mindestradien	
	Zweiggleis r_z (m)	Stammgleis r_s (m)
190 - 1 : 7,5	175	2 217
300 - 1 : 9	200	603
500 - 1 : 12	200	334
760 - 1 : 14	300	497
1200 - 1 : 18,5	442	700

Tabelle 31· Mindestradien der Innenbogenweichen

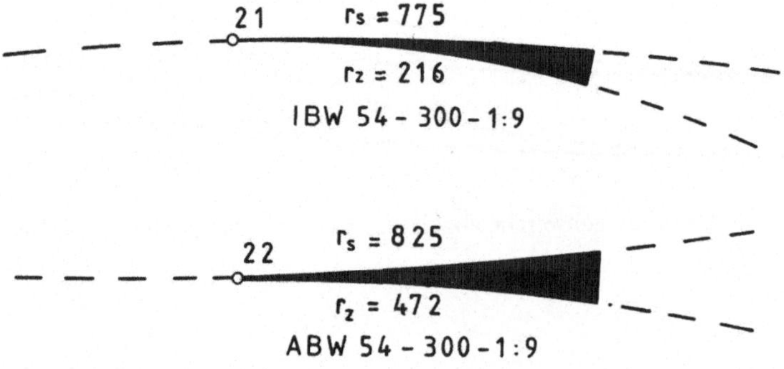

Bild 78· Darstellung der Bogenweichen im Lageplan

12.5.1 Berechnung der Bogenweichen

Vorgabe für die Veränderung einer einfachen Weiche zu einer Bogenweiche:

Tangentenlänge l_t und
Tangentenschnittwinkel α

der Grundform bleiben erhalten

Nach mathematischer Herleitung können die jeweils gesuchten Radien der Bogenweichen exakt berechnet werden.

Folgende Bezeichnungen werden verwendet:

Zweiggleisradius der Weichengrundform $= r_0$
Stammgleisradius der Bogenweiche $= r_s$
Zweiggleisradius der Bogenweiche $= r_z$

Innenbogenweiche:

Gesucht: *Stammgleisradius.*

$$r_s = (r_0 \cdot r_z + l_t^2) / (r_0 - r_z)$$

Gesucht: *Zweiggleisradius:*

$$r_z = (r_0 \cdot r_s - l_t^2) / (r_0 + r_s)$$

Außenbogenweiche:

Gesucht: Stammgleisradius:

$$r_s = | (r_0 \cdot r_z - l_t^2) / (r_0 - r_z) |$$

Gesucht: Zweiggleisradius:

$$r_z = | (r_0 \cdot r_s + l_t^2) / (r_0 - r_s) |$$

Für den bautechnischen Entwurf und für fahrdynamische Untersuchungen ist es ausreichend, wenn die Radien der Bogenweiche durch Überlagerung der Krümmungen berechnet werden.

Innenbogenweichen

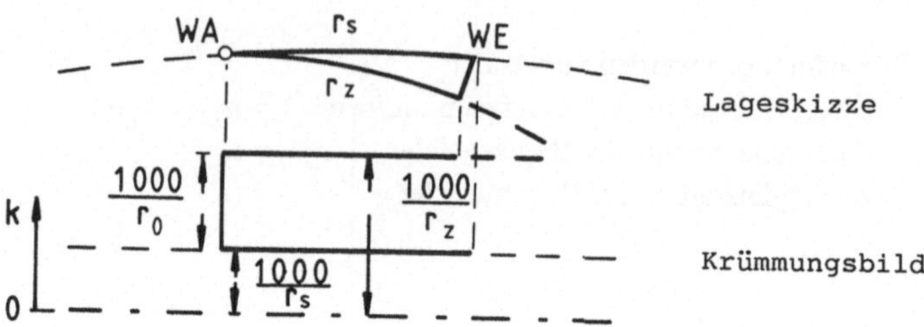

Bild 79. Innenbogenweiche, Abzweig zur Bogeninnenseite

Fall 1: Abzweig zur Bogeninnenseite (Bild 79)

Gegeben· r_0, r_s Gesucht. r_z

Zwischen gegebenem Kreisbogen r_s und Zweiggleis der IBW wird kein
Übergangsbogen eingebaut. Somit ist in WA ein Krümmungssprung
vorhanden. Dieser ist so groß wie bei der Fahrt in das Zweiggleis der geraden
Weiche, nämlich: k = 1 000 / r_0. Aus Bild 79 ist zu entnehmen:

$$1\ 000\ /\ r_z = 1\ 000\ /\ r_s + 1\ 000\ /\ r_0$$

Daraus:

$$r_z = (r_0 \cdot r_s) / (r_s + r_0)$$

Fall 2: Abzweig zur Bogenaußenseite (Bild 80)

Gegeben: r_0, r_z Gesucht. r_s

Uber die Krümmung. 1 000 / r_s = 1 000 / r_z - 1 000 / r_0
ergibt sich:

$$r_s = (r_0 \cdot r_z) / (r_z - r_0) \quad \text{(Betrag } r_s \text{ ist absolut)}$$

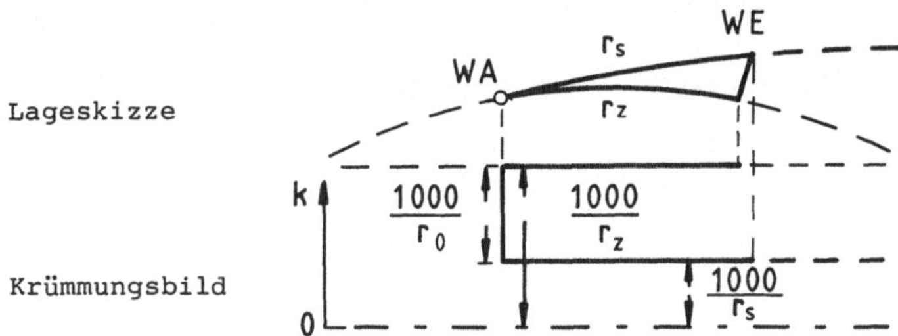

Bild 80: Innenbogenweiche, Abzweig zur Bogenaußenseite

Außenbogenweichen

Grundsätzlich können auch bei der Außenbogenweiche die Fälle des Abzweigs zur Bogenaußenseite bzw. zur Bogeninnenseite unterschieden werden. Maßgebend ist der Krümmungssprung in WA. Das schwächer gekrümmte Gleis ist das Stammgleis r_s, das stärker gekrümmte ist das Zweiggleis r_z. Wird der schwächer gekrümmte Fahrweg ohne Krümmungssprung durchfahren (Bild 81), dann gilt:

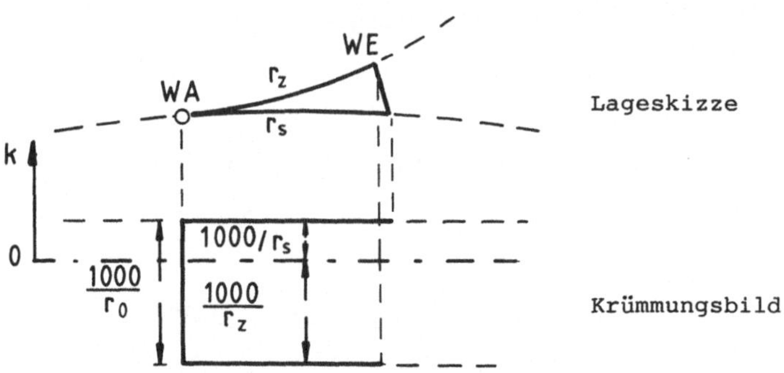

Bild 81.   Außenbogenweiche, Stammgleis wird ohne
           Krümmungssprung durchfahren

Gegeben r_0, r_s Gesucht: r_z

Die Krümmung des Zweiggleises beträgt.

$$1000 / r_z = 1\,000 / r_0 - 1\,000 / r_s$$

Daraus:

$$r_z = (r_s \cdot r_0) / (r_0 - r_s) \quad \text{(Betrag } r_s \text{ ist absolut)}$$

Wird das Zweiggleis ohne Ruck durchfahren, dann sind die Indizes von r_s und r_z zu vertauschen. Es wird.

$$r_s = (r_z \cdot r_0) / (r_0 - r_z) \quad \text{(Betrag } r_s \text{ ist absolut)}$$

Beispiel:
In ein Gleis mit $r = 1\,200$ m soll eine IBW 500 - 1 $\cdot$ 12 eingebaut werden. Der Zweiggleisradius ist zu berechnen.

Gegeben. $r_0 = 500$ m, $r_s = 1\,200$ m (IBW mit Abzweig nach innen)
Berechnung aus Überlagerung der Krümmungen·

$$r_z = (r_0 \cdot r_s) / (r_s + r_0)$$

$$= 500 \cdot 1\,200 / (1\,200 + 500) = \underline{352{,}9 \text{ m}}.$$

Genaue Berechnung.
Tangentenlange der Weiche 500 - 1 : 12 (Kap. 12.9). $l_t = 20{,}797$ m

$$r_z = (r_0 \cdot r_s - l_t^2) / (r_0 + r_s)$$

$$= (500 \cdot 1\,200 - 20{,}797^2) / (500 + 1\,200) = \underline{352{,}687 \text{ m}}.$$

Beispiel:

Eine ABW 300 - 1 : 9 soll in ein Hauptgleis mit Radius $r_s = 800$ m verlegt werden. Der Zweiggleisradius ist zu ermitteln

Auf den ersten Blick kann hier keine Zuordnung in Stamm und Zweiggleis auf Grund der Krummung erfolgen. Die Zuordnung der Bezeichnung erfolgt nach der Berechnung. Der Gang der Rechnung wird dadurch nicht beeinflußt. Gegeben: $r_0 = 300$ m, $r_s = 800$ m

Berechnung aus Überlagerung der Krümmungen:

$$r_z = (r_s \cdot r_0) / (r_0 - r_s)$$

$$= (800 \cdot 300) / (300 - 800) = 480{,}0 \text{ m} \text{ (Ergebnis ist Betrag!)}$$

Genaue Berechnung.
Tangentenlänge der Weiche 300 - 1 . 9 (Kap. 12.9): $l_t = 16{,}615$ m

$$r_z = (r_0 \ r_s + l_t^2) / (r_0 + r_s)$$

$$= (800 \ 300 + 16{,}615^2) / (300 - 800) = 480{,}55 \text{ m}$$

12.5.2 Bogenweichen mit geradem Herzstück

Weichen mit geradem Herzstück werden meistens nur im Bereich des Zweiggleisbogens zu Bogenweichen verformt. Das Herzstuck bleibt dabei gerade, die Herzstückgeraden sind Tangenten an die Weichenbogen. Wird die Weiche uber ihre ganze Länge zu einer IBW verbogen, dann entsteht eine Weiche mit Korbbogen; wird sie zu einer ABW verbogen, dann entsteht eine Weiche mit Gegenbogen.

Weichen mit geradem Herzstuck sind nach Moglichkeit als Bogenweichen zu vermeiden. Ublich ist jedoch der Einbau der Weiche 190 -1 : 9 -sie hat ein gerades Herzstuck- als ABW mit der Funktion einer Schutzweiche. Diese

Weiche wird nur im Zweiggleisbereich der Grundform aufgebogen Sie wird dann so angeordnet, daß das gerade Herzstuck in die an den Bogen anschließende Gerade gelegt wird.

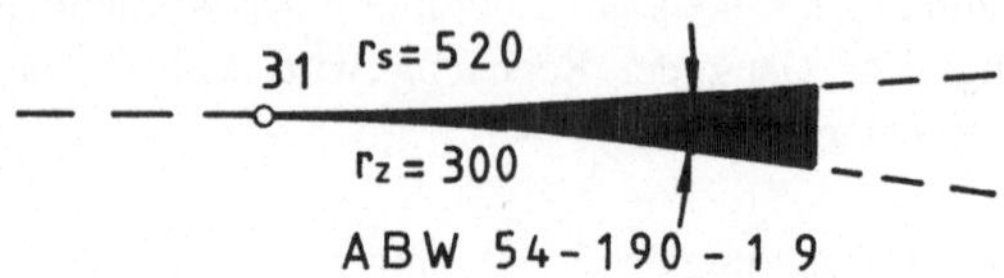

Bild 82:   Darstellung einer Außenbogenweiche mit geradem Herzstuck im Lageplan

12.5.3 Weichen im Übergangsbogen

Weichen konnen ganz oder teilweise im Übergangsbogen verlegt werden. Sie werden auch als "Parabelweichen" benannt. Die Bezeichnung der Bogenweiche wird, wenn sie ganz im Übergangsbogen liegt, durch den Zusatz "i.U." und wenn sie nur zum Teil im Übergangsbogen liegt durch "z.T.i.U." ergänzt.

Beispiel·   IBW z.T.i U 49 - 500 - 1 . 12.

12.6 Kreuzungen

Kreuzungen (Kr) werden an Durchschneidungsstellen von zwei Gleisen angeordnet. In einer Kreuzung schneiden sich vier Schienen. Folglich sind vier Herzstücke erforderlich. einfache Herzstücke bei spitzwinkligen Schnitten der Gleise und Doppelherzstucke bei stumpfwinkligen Schnitten. Bei einem Doppelherzstuck entsteht ein fuhrungsloser Bereich, der in Abhängigkeit von der Kreuzungsneigung unterschiedlich groß ist.

Regelkreuzungen haben eine Neigung von 1 · 9. Das führungslose Stück beträgt hier 57 mm. Kreuzungen mit flacherer Neigung als 1 : 9 werden als Flachkreuzungen bezeichnet. Sie sind mit beweglicher Herzstückspitze versehen. So wird das führungslose Stück überbrückt. Radlenker sind hier nicht erforderlich. Ist die Neigung steiler als 1 : 9, dann wird die Kreuzung als Steilkreuzung bezeichnet.

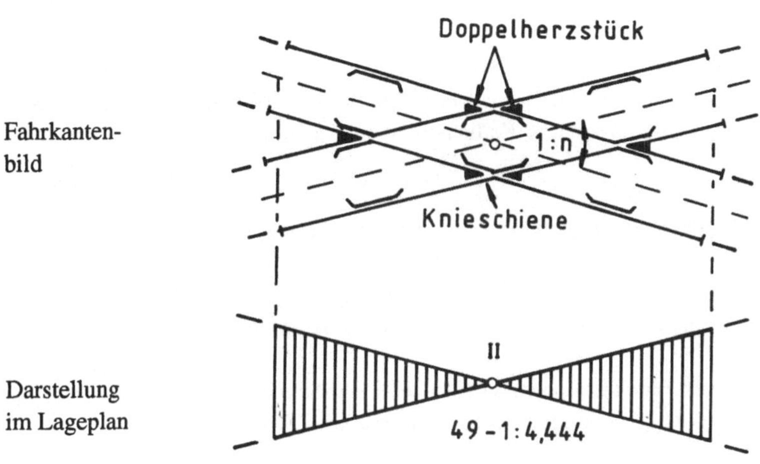

Bild 83: Einfache Kreuzung

Kreuzungen werden vorwiegend in Bahnhöfen erforderlich. Ihre Abmessungen und Neigungen (s. Kap. 12.9) entsprechen den zugehörigen Weichen.

Aus den Grundformen der Kreuzungen können Bogenkreuzungen hergestellt werden (Bild 84). Beim Biegen bleibt der Neigungswinkel der Grundform erhalten. Beide Stränge erhalten den gleichen Radius.

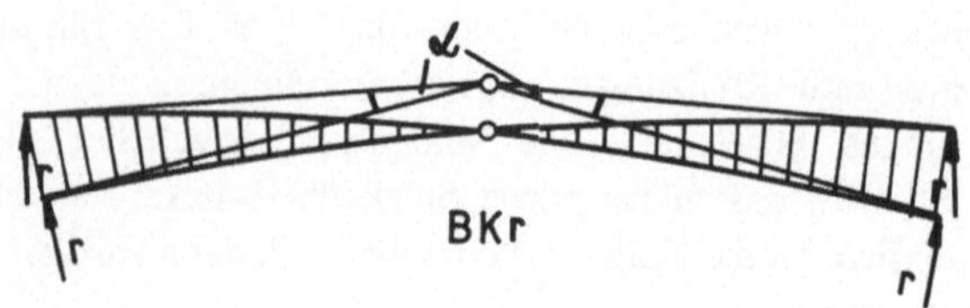

Bild 84: Bogenkreuzung

Regelkreuzungen dürfen bis zu einem Radius r = 450 m gebogen werden Bei Radien r < 1 000 m sind besondere Doppelherzstücke vorzusehen, bei Radien r < 750 m sind zusätzliche Radlenker erforderlich, um die Radsatze sicher zu fuhren.

Aus Flachkreuzungen sollen keine Bogenkreuzungen hergestellt werden.

Kreuzungen können auch in Ubergangsbögen vorgesehen werden, beide Strange haben auch in diesem Fall das gleiche Krummungsbild.

In der Darstellung im Lageplan wird außer der Schienenform und der Neigung auch der Radius der Bogenkreuzung angegeben.

12.7 Kreuzungsweichen

Wenn im Kreuzungsbereich neben überschneidenden Geradeausfahrten auch der Übergang von dem einen auf das andere Kreuzungsgleis moglich sein soll, wird die erforderliche Weichenfunktion durch den Einbau von Zungenvorrichtungen hergestellt. Es wird in einfache Kreuzungsweichen (EKW) und doppelte Kreuzungsweichen (DKW) unterschieden (Bilder 85 bis 87).

Fahrkantenbild

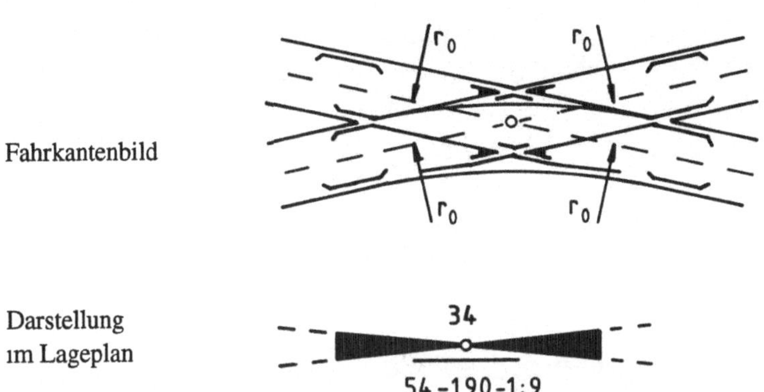

Darstellung
im Lageplan

Bild 85: Einfache Kreuzungsweiche

Die Grundform der Kreuzungsweiche wird mit der Regelkreuzung der Neigung 1 : 9 und Zweiggleisradien $r_0 = 190$ m oder $r_0 = 500$ m hergestellt. Bei Kreuzungsweichen mit Zweiggleisradius $r_0 = 190$ m liegen die Zungen innerhalb des Kreuzungvierecks (Bilder 85, 86), Beim Zweiggleisradius $r_0 = 500$ m außerhalb (Bild 87). Das Kreuzungsviereck wird von den vier Herzstücken und den dazwischenliegenden geraden Schienen begrenzt.

Die Grundform der Kreuzungsweiche $r_0 = 190$ m wird mit geradem Herzstück hergestellt. Daraus können, durch Einbau von Bogenherzstücken, Kreuzungsweichen mit verlängertem Zweiggleis und damit steilerer Endneigung abgeleitet werden. Aus Kreuzungsweichen mit $r_0 = 500$ m können durch Austausch oder weiteres Biegen der Zungen Formen mit flacherer Endneigung hergestellt werden.

Im Lageplan werden Schienenform, Radius und Neigung angegeben. Die Abzweigmöglichkeiten werden durch entsprechende Striche parallel zur Halbierenden der Kreuzungsneigung dargestellt. Bei fernbedienten Kreuzungsweichen werden die Kreuzungsdreiecke schwarz angelegt.

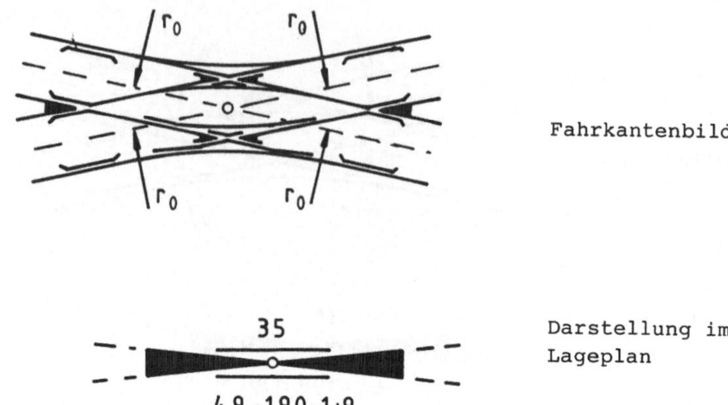

Bild 86 Doppelte Kreuzungsweiche mit innenliegenden Zungen

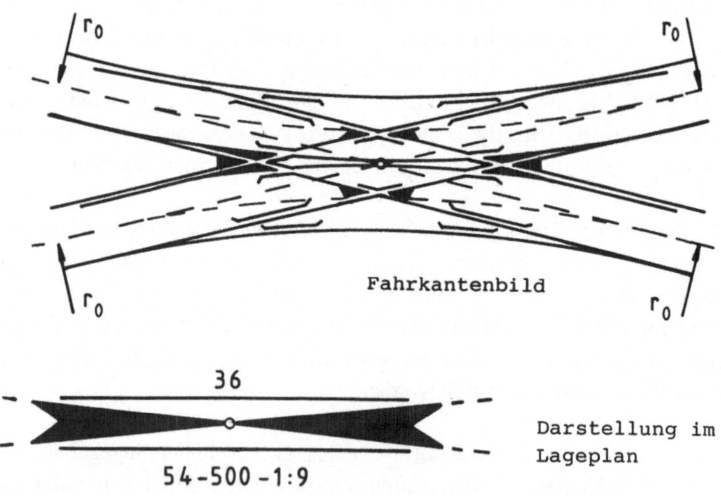

Bild 87: Doppelte Kreuzungsweiche mit außenliegenden Zungen

Aus einfachen und doppelten Kreuzungsweichen können Bogenkreuzungs-weichen abgeleitet werden Die Grundform mit $r_0 = 500$ m darf bis zu einem Radius $r = 450$ m verbogen werden Kreuzungsweichen mit $r_0 = 190$ m dürfen nur in Ausnahmefällen zu Bogenkreuzungsweichen verändert werden.

Die Unterhaltung von Kreuzungsweichen ist sehr aufwendig. Deshalb sollten sie bei Neubauten nicht mehr eingeplant werden. Bei bestehenden Anlagen wird der Ersatz durch einfache Weichen angestrebt.

Die Absteckmaße der Kreuzungsweichen sind in Kap 12.9 zusammengestellt.

12.8 Einbaukriterien für Weichen und Kreuzungen

Die Wahl der einzubauenden Weichen erfolgt häufig unter gegenläufigen Gesichtspunkten. einerseits möchte man den Zweiggleisradius mit moglichst hoher Geschwindigkeit durchfahren, um eine flussige Betriebsführung zu ermoglichen, andererseits sollen die Baukosten auf niedrigem Niveau gehalten werden. Dies bedeutet dann die Wahl kleinerer Zweiggleisradien.

Bei den bundeseigenen Bahnen soll die Verzweigungsweichen in Streckengleisen möglichst mit der Streckengeschwindigkeit, die auf der abzweigenden Strecke zulässig ist, befahren werden, mindestens mit $v = 80$ km/h.

Gleisverbindungen von Streckengleisen sowie Ein- und Ausfahrwege von Bahnhöfen sollen möglichst mit $v = 80$ km/h befahrbar sein. Bei untergeord-neten Fahrwegen ist $v = 60$ km/h und bei selten benützten Fahrwegen $v = 40$ km/h im Zweiggleis vorzusehen.

Die Anordnung der Weichen und Kreuzungen im Gleis erfolgt unter geometrischen und fahrdynamischen Kriterien. Kreuzungen und Kreuzungsweichen sollen nur dann eingebaut werden, wenn der Spurplan nicht mit einfachen Weichen realisiert werden kann. Die Schienenform der

Weichen und des anschließenden Gleises sollten einander entsprechen. Es sind möglichst Weichen der Grundform vorzusehen.

Weichen und Kreuzungen sollen so verlegt werden, daß sie einzeln und ohne Eingriff in benachbarte Schwellensätze ausgewechselt werden konnen.

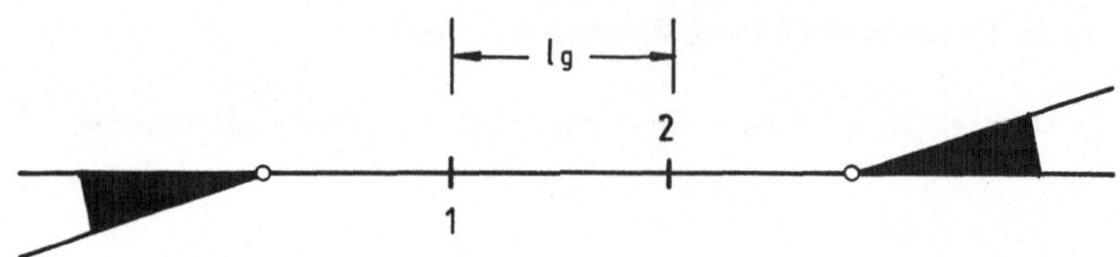

Bild 88.1 : Zweiggleise gegensinnig gekrümmt

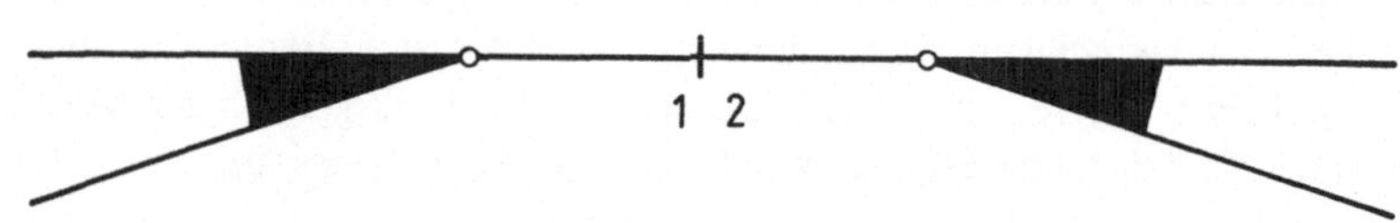

Bild 88.2 : Zweiggleise gleichsinnig gekrummt

Bild 88: Weichenfolge: Weichenanfang folgt Weichenanfang

Wenn Weichenanfang gegen Weichenanfang bei entgegengesetzten Krümmungen der Zweiggleise aneinanderstoßen (Bild 88.1), dann ist bei Zweiggleisradien

$$- r_0 \leq 500 \text{ m eine Zwischengerade } l_g = 0{,}1 \text{ v (m)}$$

$$- 760 \text{ m} \leq r0 \leq 2\,500 \text{ m eine Zwischengerade } lg = 0{,}15 \text{ v (m)}$$

vorzusehen.

Es wird eine Zwischengerade mit $l_g = 0{,}2$ v (m) empfohlen.

Stoßen die Weichenanfänge zweier Weichen mit Zweiggleisradius $r_0 = 190$ m mit entgegengesetzter Krümmung aneinander, dann ist ein Abstand zwischen den Weichenanfangen von mindestens 6 m vorzusehen. Wenn zwischen den Weichen bei vorhandenen selbsttätigen Gleisfreimeldeanlagen eine Trennstelle vorgesehen ist, dann soll der Abstand auf $l_g = 7$ m vergrößert werden.

Wenn die Zweiggleise gleichsinnig gekrümmt sind, dürfen die Weichenanfänge direkt aneinanderstoßen, sofern keine Trennstelle vorgesehen ist (Bild 88.2).

Folgen Weichenende und Weichenanfang aufeinander (Bild 89), dann ist Weiche 2 in derartigem Abstand von Weiche 1 einzubauen, daß sie auf dem Regelschwellensatz verlegt werden kann. Die Zungenvorrichtung der Weiche 2 soll nicht auf den durchgehenden Schwellen der Weiche 1 liegen.

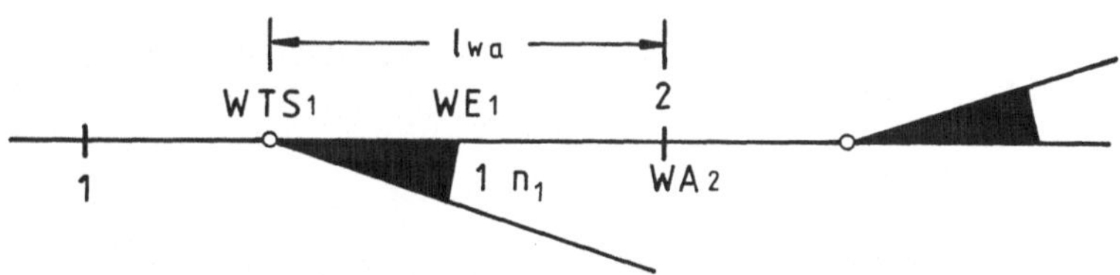

Bild 89: Weichenfolge. Weichenanfang folgt Weichenende

Wenn im Zweiggleis der Weiche 1 hinter der ldSch gekürzte Gleisschwellen mit 2,20 m Länge eingebaut werden, die Weichenspitze der Weiche 2 auf Regelweichenschwellen mit 2,60 m Länge verlegt ist und zwischen den Schwellenköpfen 0,10 m Abstand für den Schotter verbleibt, dann ist in WA 2 ein Achsabstand zwischen Stammgleis und Zweiggleis WA 1 von etwa 2,50 m erforderlich. Der Abstand zwischen WTS 1 und WA 2 betragt dann
$$l_{wa} = 2{,}50 \,/\, \tan \alpha_1 = n \cdot 2{,}50 \ (\mathrm{m}).$$
Wenn dieser Abstand aus Platzgründen nicht hergestellt werden kann, ist WA 2 direkt an das Ende von W 1 anzuschließen.

12.9 Absteckmaße der Weichen und Kreuzungen

In den nachfolgenden Tabellen werden Begriffe, die nicht gemäß DIN 1080, Teil 9 (Begriffe, Formelzeichen und Einheiten im Bauingenieurwesen, Bahnbau) definiert sind, folgendermaßen benannt:

a_{sp} Spreizung, d.h. Abstand zwischen den Achsen des Stamm und Zweiggleises am Weichenende

l_{Hg} Lange der Herzstückgeraden. Diese liegt bei Weichen mit geradem Herzstück zwischen dem Ende des Zweiggleisbogens und dem Weichenende (Bild 68)

s   Abstand der letzten durchgehenden Schwelle (ldSch) vom Weichenende. Die hier genannten Maße beziehen sich auf Holzunterschwellung.

↓   Ende des Zweiggleisbogens bei Weichen mit geradem Herzstück.

12.9.1 Einfache Weichen, Grundformen

Weichengeometrie	Weichenform	l_t	l_{Hg}	b	l_W	a_{Sp}	s
Einfache Weichen mit geradem Herzstück	49– 54– 190–1:9	10,523	6,092	16,615	27,138	1,838	4,051 3,940
	49–300–1:14	10,701	13,836	24,537	35,238	1,749	6,602
	54– 60– 300–1:14	10,701	16,407	27,108	37,809	1,933	5,125
	49–500–1:14	17,834	6,703	24,537	42,371	1,749	6,602
	54– 60– 500–1:14	17,834	9,274	27,108	44,942	1,933	5,125
	49– 60– 760–1:18,5	20,526	11,883	32,409	52,935	1,755	4,037 9,920
Einfache Weichen mit Bogenherzstück	49– 54–300–1:9 60–	16,615			33,230	1,838	4,051 3,940 3,940
	49– 54–500–1:12 60–	20,797			41,594	1,729	5,850 6,334 6,334
	49– 760–1:14 60–	27,108			54,216	1,933	4,037 5,125
	49– 1200–1:18,5 60–	32,409			64,818	1,750	9,217 9,920

Weichengeometrie	Weichenform	l_t	l_g	b	l_W	a_{Sp}	s
Symmetrische Außenbogen- weiche	49- 54- 215-1:4,8	11,050			22,100	2,266	
Einfache Weichen mit Bo- genherzstück und gerader Verlängerung des Zweig- gleises	49-190-1:7,5	12,611	4,817	17,428	30,039	2,308	
	54-190-1:7,5	12,611	0,640	13,251	25,862	1,755	3,348

12.9.2 Einfache Weichen, Grundformen mit beweglicher Herzstückspitze

Weichengeometrie	Weichenform	l_t	l_g	b	l_W	a_{Sp}	s
Einfache Weichen mit Bogenherzstück	60-300-1:9-gb	16,615			33,230	1,838	3,940
	60-500-1:12-gb	20,797			41,594	1,729	6,334
	60-760-1:14 -gb und fb	27,108			54,216	1,933	5,125
	60-1200-1:18,5 -gb	32,409			64,818	1,750	9,920
	60-2500-1:26,5 -fb	47,153			94,306	1,778	13,514
Einfache Weichen mit Bogenherzstück und gerader Verlängerung des Zweiggleises	60-500-1:12-fb	20,797	3,767	24,564	45,361	2,042	2,730
	60-1200-1:18,5	32,409	1,797	34,206	66,615	1,847	8,123

12.9.3 Grundformen der Kreuzungen

Kreuzungen mit starren Doppelherzstückspitzen

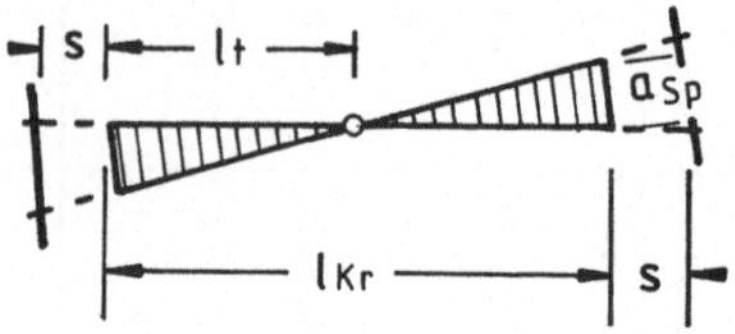

Form der Kreuzung	l_t	l_{Kr}	a_{Sp}	s
49 – 54 – 1 : 9	16,615	33,230	1,838	4,051 3,940
49 – 1 : 7,5	18,512	37,024	2,452	
49 – 1 : 6,6	17,396	34,792	2,613	
54 – 1 : 6,964	12,690	25,380	1,818	3,351
49 – 1 : 4,444	10,907	21,814	2,409	
49 – 1 : 3,683	9,881	19,762	2,612	
49 – 1 : 3,224	7,920	15,840	2,373	
49 – 1 : 2,917	6,904	13,808	2,281	

Flachkreuzungen mit beweglichen Doppelherzstückspitzen

Form der Kreuzung	l_t	l_{Kr}	a_{Sp}	s
49 – 60 – 1 : 14	24,537 27,108	49,074 54,216	1,749 1,933	6,602 5,125
49 – 60 – 1 : 18,5	32,409	64,818	1,750	9,217 9,920

Bogen – Flachkreuzung $\dfrac{49 - \dfrac{1200}{\infty}}{60 - \infty} - 1 : 11,515$

$$s_1 = 6,399$$
$$s_1 = 6,324$$ 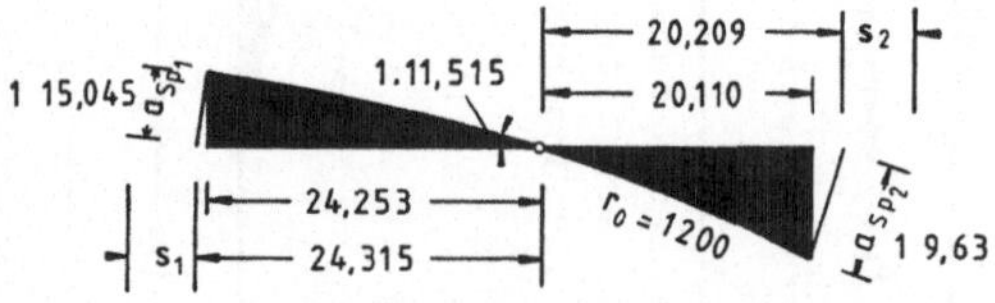
$$49 - \quad s_2 = 2,712$$
$$60 - \quad s_2 = 3,337$$
$$a_{Sp1} = 1,860$$
$$a_{Sp2} = 1,920$$

12.9.4 Kreuzungsweichen

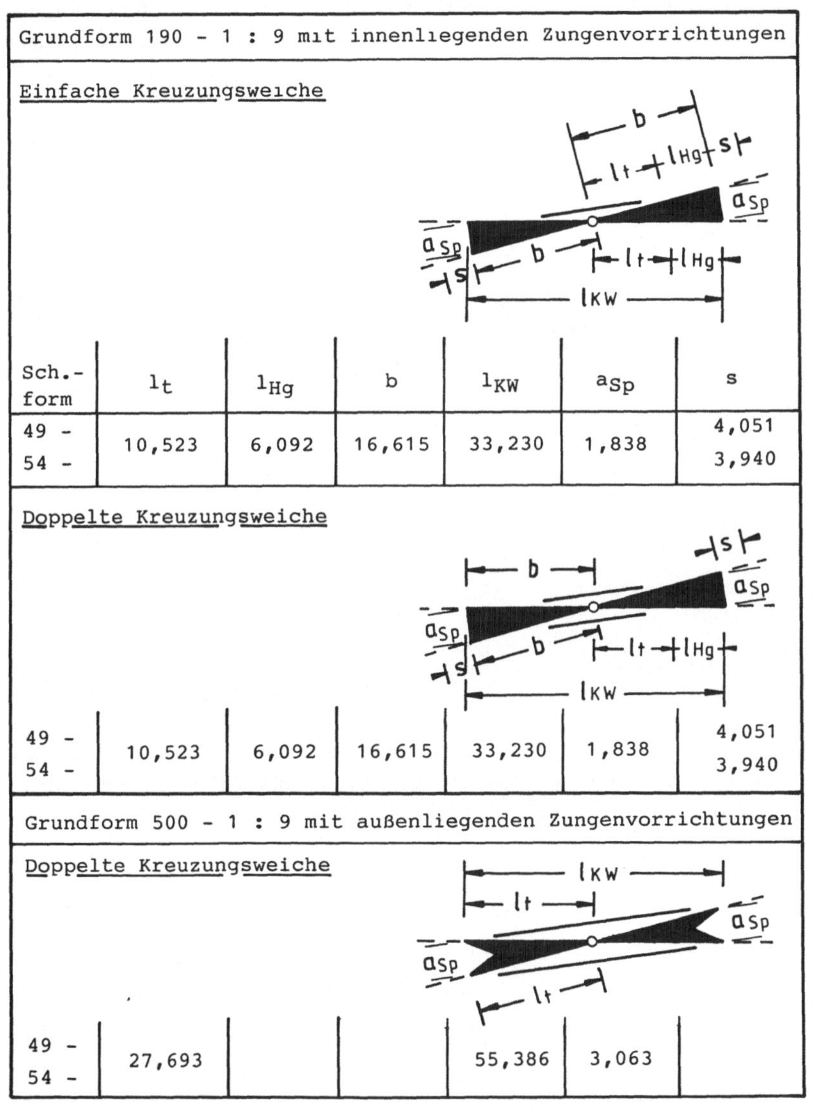

Sch.-form	l_t	l_{Hg}	b	l_{KW}	a_{Sp}	s
49 - 54 -	10,523	6,092	16,615	33,230	1,838	4,051 3,940
49 - 54 -	10,523	6,092	16,615	33,230	1,838	4,051 3,940
49 - 54 -	27,693			55,386	3,063	

12.9.5 Abgeleitete Weichen und Regelweichen - NE

Die Absteckmaße von Weichen und Kreuzungen, die von den Grundformen abgeleitet sind und häufig eingesetzt werden, konnen der "Vorschrift fur das Entwerfen von Bahnanlagen" der DB (DS 800/1) entnommen werden

Bei nichtbundeseigenen Eisenbahnen konnen neben den Weichen und Kreuzungen der DB auch folgende Regelweichen vorgesehen werden.

- Einfache Weichen: 49 - 140 - 1 . 6
             49 - 140 - 1 : 7

- Symmetrische ABW.   49 - 140 - 1 : 7 / 1:7
             49 - 200 - 1 · 9 / 1 : 9

- Kreuzungen: 49 - 1 . 7
             49 - 1 · 3,429
             49 - 1 : 6
             49 - 1   2,917

- Kreuzungsweichen: EKW 49 - 140 - 1 : 7
             EKW 49 - 190 - 1 : 9
             DKW 49 - 1 40 - 1 : 7
             DKW 49 - 1 90 - 1 : 9

Absteckmaße und Lageplänen der Regelweichen - NE sind in den "Oberbaurichtlinien für nichtbundeseigene Eisenbahnen" (Obri-NE) enthalten.

12.10 Unterlagen für Bestellung und Einbau von Weichen

Für die Bestellung und für den Einbau der Weichen sind folgende Unterlagen zu erstellen (Für Kreuzungen analog):

- Weichenskizze
- Weichenverlegeplan
- Weichenabsteckplan
- Weichenvermarkungsplan.

Die Weichenskizze, bei NE - Bahnen wird sie als Beschaffungszkizze bezeichnet, ist die Standardunterlage für Beschaffung und Einbau. Sie Enthält Angaben zur Örtlichkeit, in der die Weiche verlegt werden soll. Z.B.: Streckenbezeichnung, Kilometrierung und, in Bahnhöfen, Gleisnummer. Außerdem die Absteckmaße und Radien als Konstruktionsvorgabe. Diese Angaben werden besonders für Bogenweichen und Sonderanfertigungen erforderlich.

Das Lieferwerk fertigt für einzelne Weichen oder für im Zusammenhang zu verlegende Weichengruppen Weichenverlegepläne. Diese enthalten alle für den Zusammen- und Einbau erforderlichen Angaben, wie. Schwellennummern und Schwellenlängen, Schwellenabstände, Lange der Schienen und der Weichengroßteile. Mit Hilfe des Verlegeplanes können Weichen fehlerfrei montiert werden.

Die Lage im Gleis ist nach Richtung und Höhe im Absteckplan dargestellt. Beim Ersteinbau sind Absteckplan und Vermarkungsplan identisch. Bei Umbauten werden Veränderungen in einen Absteckplan, der den alten Zustand beinhaltet, eingetragen. Der Bestand nach dem Umbau wird dann in einem Vermarkungsplan erfaßt. Für gerade, nicht in der Überhöhung liegende Weichen sind Absteck- und Vermarkungsplan nicht erforderlich.

13 Abnahme und Unterhaltung des Oberbaus

Werden Bauleistungen bei Neubau, Umbau oder Durcharbeitung des Oberbaus erbracht, dann sind diese abzunehmen. Dabei werden z.B. Spurweite, gegenseitige Höhenlage, Längshöhe, Richtung, Abstand, Schwellenteilung und Schweißungen des Gleises und bei Weichen, Kreuzungen und Schienenauszügen noch Leitweiten, Radlenkerleitweitenabstände und vieles mehr gemessen und anhand der Grenzwerte der Oberbauvorschrift für Regelspurbahnen (DS 820, Teilheft 3 "Richtlinien für Oberbauarbeiten", Richtlinie 7) beurteilt.

Im Regelfall werden die im Gleis vorhandenen Maße und Werte durch Befahren mit einem Gleismeßtriebzug erfaßt, dokumentiert und mittels Analyseprogrammen ausgewertet So können Stellen im Gleis, die nicht der zwischen Bahn und Auftragnehmer vertraglich vereinbarten Qualität entsprechen, leicht lokalisiert und nachgearbeitet werden.

Nach Inbetriebnahme des Oberbaus verändert sich dessen Zustand durch Betriebseinflüsse. Die allgemeine Zustandskontrolle der Gleislage erfolgt durch Inspektionen, deren Häufigkeit von der zulässigen Geschwindigkeit des jeweiligen Streckenabschnitts abhängt. Es gibt verschiedene Prüfmethoden.

- Messung mit dem Gleismeßtriebzug
- Fahrtechnische Messungen
- Streckenbefahrungen
- Strecken- und Gleisbegehungen
- Inspektion der Weichen, Kreuzungen und Schienenauszüge
- Ultraschallprüfung der Gleise mit Schienenprüfzug
- Ultraschallprüfung der Weichen und Schienenauszüge mit Schienenprüfgerät
- Schienenfahrflächenmessungen mit Schienenoberflächenmeßtriebwagen
- Überwachung der gegenseitigen Höhenlage durch Handmessungen in Bereichen $u_f > 145$ mm.
- Prüfung der Spurhaltefähigkeit.

Der Gleismeßtriebzug fährt auch bei Fahrten zur allgemeinen Zustandskontrolle mit der jeweils größten zulassigen Geschwindigkeit des Streckenabschnitts.

In den "Richtlinien für die digitale Bewertung geometrischer Oberbauzustande" der DB sind Klassengrenzen fur die Gleisanlagen definiert.

- Qualitätsgrenzen für die Abnahme von Oberbauarbeiten,
- Unterhaltungsrichtwerte,
- Eingriffsschwellwerte.

Diese Begriffe bedeuten·

Qualitätsgrenzwerte beschreiben den Oberbauzustand, der bei sachgerechter Durchführung von Erneuerungen, Auswechselungen und Durcharbeitungen

- bei Einsatz moderner und funktionsfähiger Oberbaumaschinen
- bei gutem Zustand der Oberbaustoffe und
- bei ausreichend tragfähigem Untergrund   zu erreichen ist.

Unterhaltungsrichtwerte stellen die Fehlergrößen dar, die vereinzelt überschritten werden durfen, jedoch nicht in kurzen Abständen wiederkehrend uberschritten werden sollen. Die Überschreitung eines Unterhaltungsrichtweres signalisiert eine Schwachstelle im Fahrweg, die der besonderen Beobachtung bedarf.

Eingriffsschwellen markieren Grenzen, bei deren Überschreitung eine gezielte Unterhaltungsmaßnahme zur Verbesserung der Gleislage erforderlich wird. Die Dringlichkeit dieser Maßnahme ist von der Größe der Überschreitung der Eingriffsschwelle und den örtlichen Randbedingungen abhangig

Maße zur Beurteilung der Gleisgeometrie können bei kleinem Umfang, z.B in Gleisanschlussen, auch "von Hand" aufgenommen werden. Spurweite und Überhöhung werden mit einem einfach zu bedienendem Meßgerät (Bild 90) ermittelt.

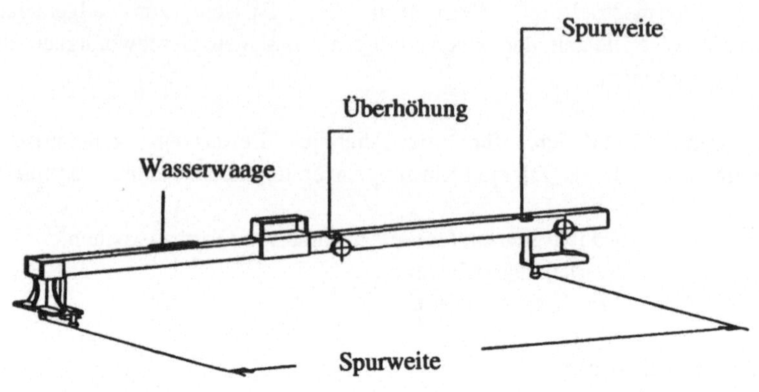

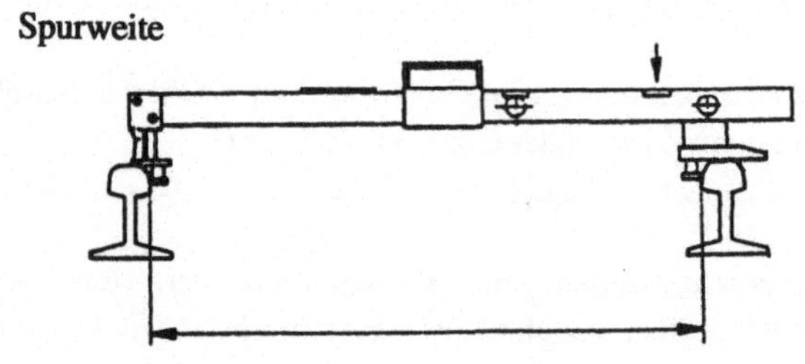

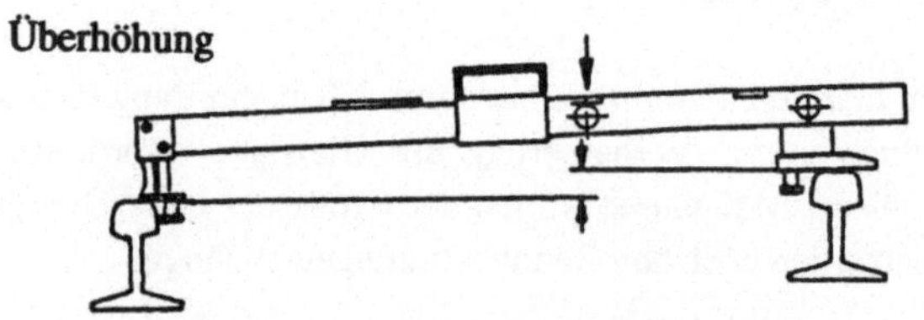

Bild 90:   Spurweiten- und Überhöhungsmeßgerät
(Quelle: Fa. Vogel & Plütschler, 7814 Breisach)

Höhenfehler können mit einem Visiergerät, im Prinzip ein Nivellierinstrunemt mit zusätzlichem Zubehör, ermittelt werden.

Mit Pfeilhöhenmessungen bestimmt man den Radius des Gleises. Dabei wird jeweils in der Mitte einer Sehne mit der Lange $l_s = 16$ m oder $l_s = 20$ m der lotrechte Anstand h_f des Gleises gemessen (Bild 91).

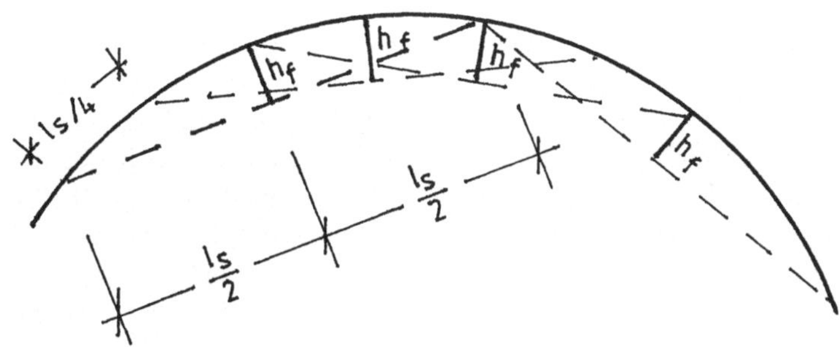

Bild 91: Pfeilhöhenmessung

Für die Pfeilhöhe ergibt sich genähert.

$$h_f = l_s^2 / 8\,r$$

und daraus der Radius: $$r = l_s^2 / 8\,h_f$$

Auf diese Weise kann die Ist - Krümmung eines Gleisbogens berechnet und zeichnerisch dargestellt werden. Vergleicht man diese Darstellung mit der Soll - Krümmung, können leicht die horizontalen Verschiebungsmaße ermittelt werden, um das Gleis wieder in die Soll - Lage zu legen.

Die Soll - Lage des Gleises in Hohe und Richtung wird in der Regel mit Stopf - Richtmaschinen mechanisch hergestellt. Der Einsatz von Handkraftstopfern ist nur bei kleinsten Baumaßnahmen sinnvoll.

14 Berechnen von Gleisverbindungen

Gleisverbindungen können zwischen parallelen und nicht parallelen Gleisen sowie als Abzweig in Gleise geplant werden

14.1 Gerade Gleisverbindungen

Die Gleisverbindungen können mit Weichen gleicher (Bild 92) oder verschiedener (Bild 93) Neigung hergestellt werden. Man kann Weichen mit geradem Herzstuck (Bild 92 1) oder Bogenherzstück (Bild 92 2) verwenden. Zwischen den Enden der Zweiggleisbögen soll eine Zwischengerade mit der Länge $l_g = 0{,}15$ v (m), besser $l_g = 0{,}20$ v (m) aber mindestens $l_g = 0{,}10$ v (m) vorhanden sein. Die Weichenneigung ist somit in Abhängigkeit von der gewünschten Fahrgeschwindigkeit und vom Gleisabstand e zu wahlen. Bei Neubauten soll der Gleisabstand im Bereich von Gleisverbindungen mindestens e = 4,50 m betragen

Berechnung einer Gleisverbindung mit Weichen gleicher Neigung:

In diesem Fall ist $\alpha_1 = \alpha_2$.

Aus dem rechtwinkligen Dreieck WTS_1 - WTS_2 - Fußpunkt WTS_2 ergibt sich.

$$a = e \, / \tan \alpha.$$

Ersetzt man $\tan \alpha$ mit der Weichenneigung 1 : n, dann wird.

$$a = e \cdot n$$

Im gleichen rechtwinkligen Dreieck beträgt der Abstand der Weichentangentenschnittpunkte (WTS_1 - WTS_2).

$$c = (a^2 + e^2)^{1/2}$$

Aus Bild 92.1 entnimmt man die Länge der Zwischengeraden

$$l_g = c - 2\,l_t$$

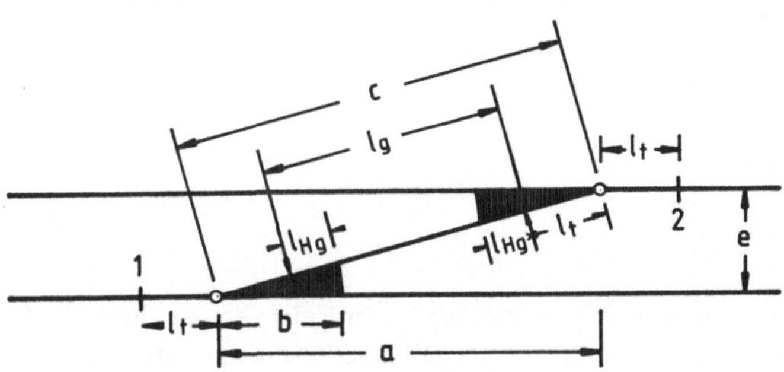

Bild 92.1. Weichen mit geradem Herzstück

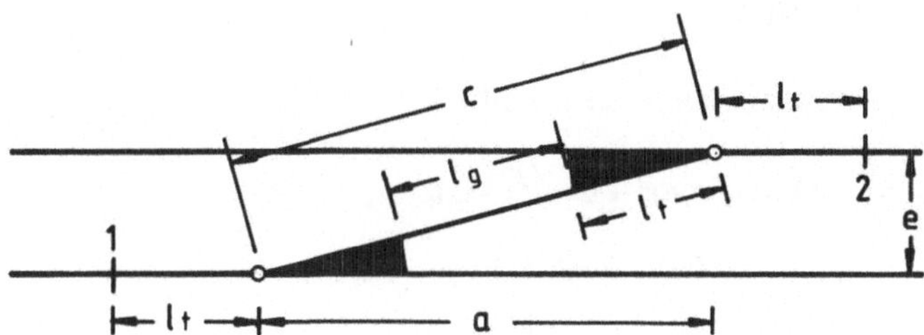

Bild 92.2. Weichen mit Bogenherzstück

Bild 92: Gerade Gleisverbindung zwischen parallelen Gleisen
mit Weichen gleicher Neigung

Beispiel:

Für eine Baumaßnahme auf freier Strecke muß ein Gleis für die Dauer der Bautätigkeit gesperrt werden. Die Baustelle liegt nahe des Einfahrsignals des Bahnhofes X. Eine Gleisverbindung zwischen parallelen Gleisen mit Gleisabstand e = 4,00 m soll mit möglichst hoher Geschwindigkeit befahren werden Welche Weichen können gewahlt werden ?

Das Einfahrsignal des Bahnhofes wird im notwendigen Abstand vor die Bauweichenverbindung verlegt. Damit ist die Verbindung signaltechnisch abgesichert.

Bei Neubauten von Gleisverbindungen wird ein Gleisabstand von 4,50 m gefordert. Dies gilt nicht für Gleisverbindungen im Rahmen von Baumaßnahmen.

1. Gewahlt: Weichen 1 200 - 1 : 18,5
   Zulässige Geschwindigkeit im Zweiggleis: max v = 100 km/h.
   Nach Kap. 12.9.1 hat die gewählte Weiche ein Bogenherzstück. Die Länge der Tangente beträgt. l_t = 32,409 m.

   Die Länge der Zwischengeraden wird:

$$l_g = c - 2\,l_t = ((e \cdot n)^2 + e^2)^{1/2} - 2\,l_t$$

$$= ((4,0 \cdot 18,5)^2 + 4,0^2)^{1/2} - 2 \cdot 32,409 = 9,29 \text{ m}$$

   Die gewählten Weichen sollten nicht eingebaut werden, da

$$l_g = 9,29 \text{ m} = 0,093 \text{ v} < 0,15 \text{ v}.$$

2. Gewählt: Weichen 760 - 1 : 14
   Zulässige Geschwindigkeit im Zweiggleis: max v = 80 km/h.
   Die Weichen haben ein Bogenherzstuck.

Tangentenlänge: $l_t = 27{,}108$ m.

$$l_g = ((\,e \cdot n\,)^2 + e^2\,)^{1/2} - 2l_t$$

$$= ((\,4 - 14\,)^2 + 4{,}0^2\,)^{1/2} - 2 \cdot 27{,}108 = 1{,}93 \text{ m}$$

Die Länge der Zwischengeraden ist nicht ausreichend. Die Weichenverbindung ist nicht zulässig.

3. Gewählt: Weichen 760 - 1 : 18,5
Zulässige Geschwindigkeit im Zweiggleis: max v = 80 km/h. Die gewählten Weichen haben ein gerades Herzstück. Die Tangentenlänge beträgt:
   $l_t = 20{,}526$ m.

Die Länge der Zwischengeraden errechnet sich aus $l_g = c - 2\,l_t$ zu:

$$l_g = 33{,}056 \text{ m.}$$

Sie ist größer als 0,2 v Die gewählte Weichenverbindung ist möglich.

In Bild 92.1 ist ersichtlich, daß in diesem Fall die Zwischengerade l_g bei Einbau der Weichen mit geradem Herzstück um 2 l_{Hg} größer ist, als die zusätzlich einzubauende gerade Schiene. Dies ist bei der Bestellung der Schienen zu berücksichtigen.

Berechnung einer Gleisverbindung mit Weichen verschiedener Neigung:

Der Zweiggleisradius r_0 der Weiche 1 wird über das Weichenende hinaus bis BE verlängert Dieses Bogenende liegt auf der Verlängerung der Tangente der Weiche 2, der Geraden von A bis WTS_2.

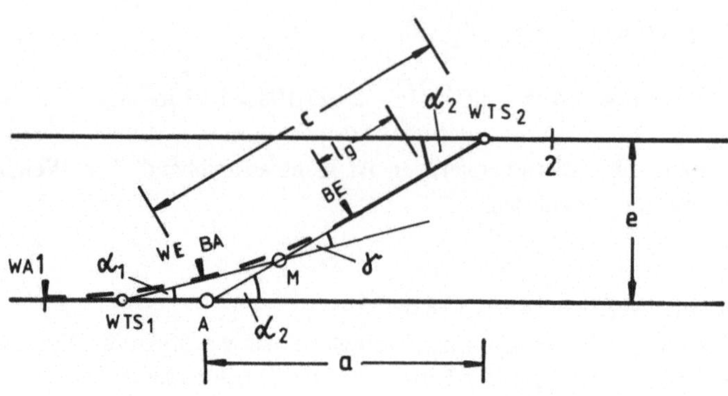

Bild 93.   Gerade Gleisverbindung zwischen parallelen Gleisen mit Weichen
verschiedener Neigung

Die Zwischengerade hat die Länge:

$$l_g = c - l_{t2} - l_{A - BE}$$

Darin ist

$$l_{A - BE} = r_0 \cdot \tan \alpha / 2$$

Hat die Weiche 2 ein gerades Herzstuck, dann ist die Herzstuckgerade ein Teil
der Zwischengeraden.

Die Tangenten an die Verlängerung des Zweiggleisbogens haben die Lange.

$$l_t = \text{Gerade BA} - \text{M} = \text{Gerade M} - \text{BE} = r_0 \cdot \tan \gamma / 2$$
$$\text{darin } \gamma = \alpha_1 - \alpha_2$$

14.2 Abzweig in ein Parallelgleis

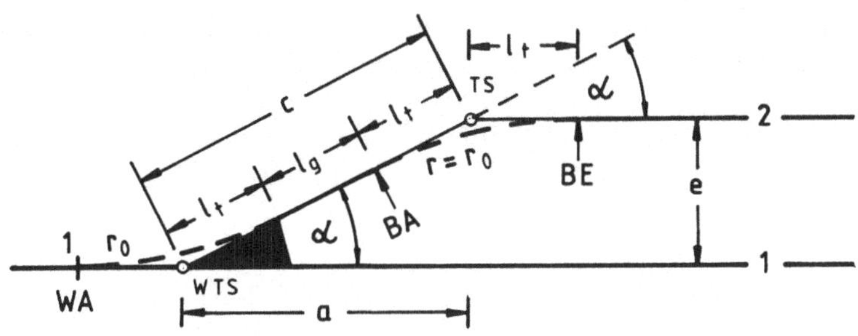

Bild 94: Abzweig in ein Parallelgleis (hier· Weiche mit Bogenherzstück)

Im Regelfall wird der Gegenbogen (Bild 94) wie die Weiche ohne Überhöhung und ohne Übergangsbogen verlegt. Es ist zweckmäßig, den Gegenbogen mit dem Radius des Zweiggleises der Weiche zu trassieren. Zwischen WE und BA soll eine Zwischengerade mit der Länge $l_g = 0,10$ v (m), besser $l_g = 0,15$ bis $0,20$ v (m) vorgesehen werden.

Der Weichenwinkel und der Tangentenschnittwinkel des Gegenbogens sind gleich groß, weil die Gleise 1 und 2 parallel verlaufen. Die Tangentenlange des Gegenbogens entspricht, wenn $r = r_0$ gewählt wurde, der Lange der Weichentangente. Sie kann den Weichentabellen entnommen werden, oder mit:

$$l_t = r \cdot \tan \alpha / 2$$

berechnet werden.

Die Berechnung von a und c ist in Kap 14.1 erläutert.

Bei großem Gleisabstand e ist es zweckmäßig, den Zweiggleisradius uber das Weichenende hinaus zu führen. Auf diese Weise wird der Tangentenschnittwinkel vergrößert und die Entwickelungslänge a verkürzt.

Beispiel:

Die Absteckelemente für den Abzweig in ein Parallelgleis mit einem Gleisabstand e = 4,75 m sollen berechnet werden. Das Parallelgleis soll mit v = 50 km/h befahren werden.

Die vorgegebene Geschwindigkeit ist in einem Zweiggleisradius r_0 = 300 m zulassig. Um die Entwickelungslänge klein zu halten, wird eine Weiche mit Bogenherzstuck gewahlt· 300 - 1:9.

Gewählter Radius des Gegenbogens: $r = r_0$ = 300 m.

Entwicklungslänge:

$$a = e \cdot n = 4{,}75 \cdot 9 = 42{,}75 \text{ m.}$$

Abstand der Tangentenschnittpunkte:

$$c = (a^2 + e^2)^{1/2} = (42{,}75^2 + 4{,}75^2)^{1/2} = 43{,}01 \text{ m}$$

Die Tangente des Gegenbogens ist gleich lang wie die Weichentangente:

$$l_t = 16{,}615 \text{ m.}$$

Länge der Zwischengeraden:

$$l_g = c - 2l_t = 43{,}01 - 33{,}23 = 9{,}78 \text{ m.}$$

Die Zwischengerade ist damit etwa l_g = 0,2 v lang.

15 Hinweise zur Gestaltung von Lageplänen

Der bautechnische Entwurf wird im allgemeinen im Lageplan im Maßstab
1 .1 000 dargestellt. Die Haupt- und Kleinpunkte des Entwurfes werden nach
Lage und Höhe eingerechnet. Auf dieser Grundlage wird ein Absteckplan
gefertigt, um den Entwurf in die Örtlichkeit übertragen zu können. Der
bautechnische Entwurf sollte mit großer Sorgfalt bearbeitet werden. So
können Zwangspunkte der Linienführung hinreichend berücksichtigt werden,
sodaß der eingerechnete Entwurf nicht mehr nachgebessert werden muß. Es ist
also ein wesentliches Ziel, schon im Lageplan mit moglichst geringem
Aufwand eine hinreichende Genauigkeit zu erzielen. Diesem Ziel sollen die
nachfolgenden Hinweise dienen.

Zeichnen eines Kreisbogens:

Als Hilfsmittel stehen Eisenbahnkurvenlineale zur Verfügung. Sie werden in
unterschiedlicher Abstufung der Radien von kleinsten Halbmessern bis
r = 50 000 m im Maßstab 1 : 1 000 hergestellt. Einige Hersteller liefern die
Lineale mit Tangente. Der Bogenanfang ist jeweils mit einem kleinen Strich
gekennzeichnet So kann das Kurvenlineal mühelos am Bogenanfang (BA)
oder Bogenende (BE) an die Tangente angelegt werden.

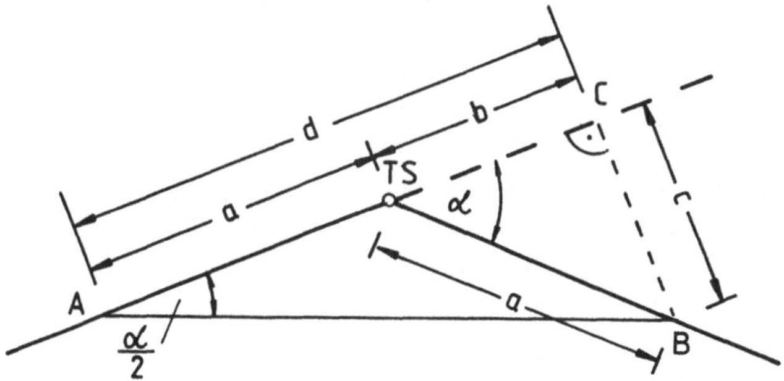

Bild 95. Graphische Bestimmung von tan α/2

BA und BE werden durch Absetzen der Tangentenlänge $l_t = r \cdot \tan \alpha/2$ von TS aus auf der Tangente gefunden Der Wert $\tan \alpha/2$ kann graphisch bestimmt werden (Bild 95).

Vom Tangentenschnittpunkt TS aus wird auf den Tangenten ein beliebiges, möglichst rundes Maß a abgesetzt. Man findet die Punkte A und B. Verbindet man die Punkte A und B miteinander, entsteht das gleichschenklige Dreieck A - TS - B. Die Winkel in A und B sind jeweils $\alpha/2$. Auf der Verlängerung der Tangente A - TS wird der Lotfußpunkt von B konstruiert Dieser Fußpunkt C wird nach Pythagoras kontrolliert. Es soll sein ·

$$b = (a - c)^{1/2}.$$

Die Strecke c wird gemessen. Weichen gemessener und berechneter Wert deutlich voneinander ab, dann muß die Konstruktion berichtigt und abermals kontrolliert werden.

Im rechtwinkligen Dreieck ABC ist in A der Winkel $\alpha/2$. In diesem Dreieck gilt:

$$\tan \alpha/2 = c / (a + b) = c / d$$

Damit wird die Tangentenlänge.

$$l_t = r \ \tan \alpha/2 = r \cdot c / d$$

Konstruktion einer Tangente an einen Kreisbogen (Bild 96)

Der Berührpunkt zwischen Tangente und Kreis sei bekannt. Um diesen Punkt wird zu beiden Seiten das gleiche Maß b abgesetzt Die Punkte A und B werden durch eine Sehne miteinander verbunden. In der Sehnenmitte wird das Lot FC errichtet. Die Parallele zur Sehne AB durch den Berührpunkt C, gleichzeitig Normale zum Lot FC, ist die gesuchte Tangente

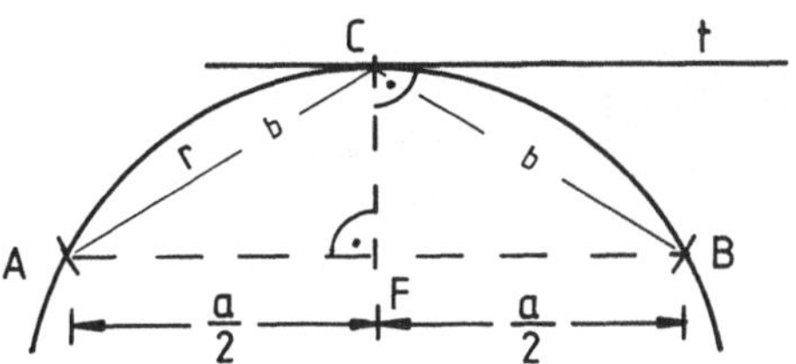

Bild 96· Konstruktion einer Tangente an einen Kreisbogen

Darstellung von Übergangsbögen

Wenn zwischen einer Geraden und einem Kreisbogen ein Übergangsbogen
eingebaut wird, dann ruckt der Kreis bei einem Ubergangsbogen mit geradem
Krummungsverlauf um das Maß

$$f = l_u^2 / 24\,r$$

von der Endtangente ab. Dieses Abruckmaß ist im Bahnbau im allgemeinen
sehr klein, fast immer kleiner als 2 m. Im ublichen Maßstab (1 . 1 000)
entspricht dies 2 mm. Der Übergangsbogen kann auf unterschiedliche Weise
hinreichend genau dargestellt werden:

- der Ubergangsbogen wird mit einem Klothoidenlineal exakt gezeichnet,

- wenn das Abruckmaß im jeweiligen Maßstab nicht mehr sinnvoll
  darzustellen ist, wird die Gerade um l_u / 2 über den Anfang des
  Übergangsbogens hinaus weitergeführt und hier direkt der Kreisbogen
  angeschlossen,

- der Übergangsbogen wird durch einen Vorbogen ersetzt (Bild 97).

Bei geradem Krümmungsverlauf wird die Gerade um $0{,}2 \cdot l_u$ über den
Ubergangsbogenanfang hinaus verlängert Der Kreisbogen beginnt bereits
$0{,}2 \cdot$ IU vor dem Ubergangsbogenende Die verbleibende Länge von $0{,}6 \cdot l_u$
wird mit dem doppelten Radius des anschließenden Kreisbogens gezeichnet.

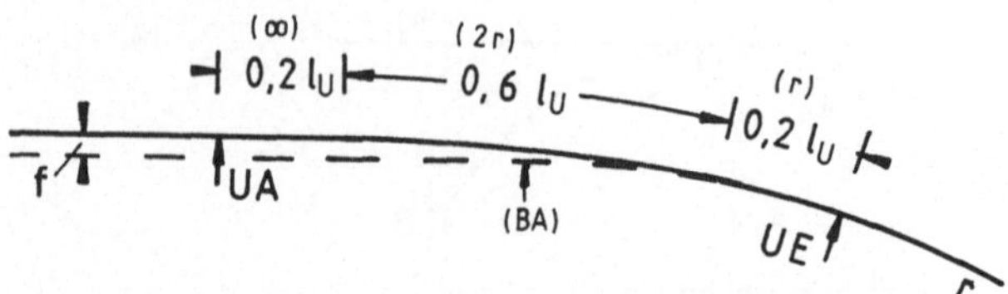

Bild 97:   Konstruktion eines Übergangsbogens mit gerader
Krümmungslinie mittels Vorbogen

Verläuft die Krümmungslinie des Übergangsbogens geschwungen, dann
gelten folgende "Ersatzmaße": die Gerade wird $0{,}3 \cdot l_u$ über UA hinaus
verlängert, die anschließenden $0{,}4 \cdot l_u$ werden mit dem Radius 2 r und die
verbleibende Länge $0{,}3 \cdot l_u$ wird mit dem Radius r des anschließenden
Kreisbogens gezeichnet.

Konstruktion einer Bogenweiche in freier Lage (Bild 98)

In einem Kreisbogen sei die Lage des Weichenanfangs bekannt. In diesem
Punkt wird die Tangente an den Kreis konstruiert. Der Tangentenschnittpunkt
WTS wird im Abstand l_t auf der Tangente gezeichnet Das Weichenendes WE
findet man durch Bogenschlag mit l_t um WTS auf dem gegebenen
Kreisbogen.

Die Neigung der Weichengrundform bleibt beim Verbiegen zur Bogenweiche
erhalten (Kap. 12.5). Sie wird folgendermaßen konstruiert: auf der
Verlängerung der Geraden WTS - WE wird ein Vielfaches der
Weichenneigung abgetragen (a · n). Man findet den Punkt D. Auf dem Lot in
D wird a abgesetzt. Der Endpunkt ist E. Auf WTS - E liegt im Abstand l_t von
WTS das Weichenende WE des Zweiggleises. Das Zweiggleis wird zwischen
WA und WE mit dem berechneten Zweiggleisradius gezeichnet.

Diese Konstruktion gilt analog für Außenbogenweichen.

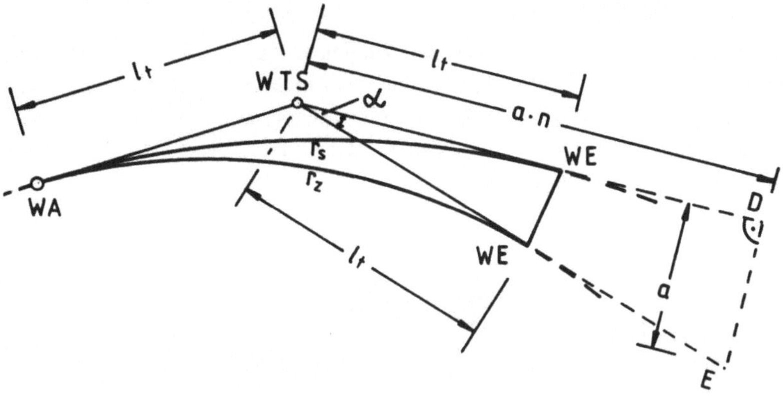

Bild 98: Konstruktion einer Innenbogenweiche (IBW)

16 Bahnübergänge

Bahnubergänge sınd höhengleiche Kreuzungen von Eisenbahnen mit Straßen, Wegen und Platzen. Ubergange, dıe nur dem innerdıenstlichen Verkehr der Bahnen dıenen und Übergänge fur Reisende gelten nıcht als Bahnubergänge (§ 11 EBO). Auf Strecken mit einer Geschwındigkeit v > 160 km/h sınd Bahnübergänge nıcht zugelassen.

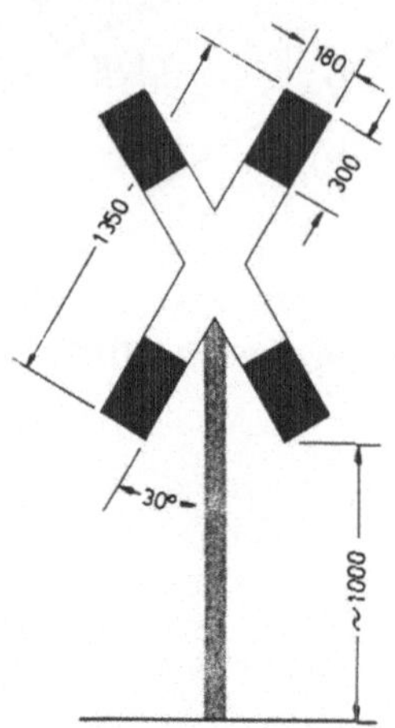

Bıld 99 Andreaskreuz

Der Eisenbahnverkehr hat auf Bahnübergangen *Vorrang* gegenuber anderen Verkehrsteilnehmern. Dies gilt auch in Hafen- und Industrıegebieten. Der Vorrang wird durch Aufstellen von Andreaskreuzen (Bild 99) gekennzeichnet. Bahnubergänge mit Fußwegen, Feld- und Waldwegen müssen nicht gekennzeıchnet werden, wenn sıe ausreichend erkennbar sınd. Gleıches gilt für Prıvatwege ohne öffentlıchen Verkehr. In Hafen- und Industriegebieten kann auf das Aufstellen von Andreaskreuzen an den einzelnen Bahnübergängen verzichtet werden, wenn an den Einfahrten zum Hafen-/Industrıegebiet das Zusatzschild "Hafengebıet/Industriegebıet, Schienenfahrzeuge haben Vorrang" aufgestellt ist. Wenn in dıesen Bereichen technisch gesicherte Bahnübergänge vorhanden sind (s.u.) mussen diese mit Andreaskreuz versehen sein.

Andreaskreuze sind in einer Entfernung vom Gleis aufzustellen, in der Straßenbenutzer anhalten mussen, wenn der Bahnubergang nicht überquert werden darf. Unter Wahrung des lichten Raumes und des Platzbedarfs fur Oberbaugeräte ist der Standort möglichst nah am Gleis zu wahlen, um die Sperrstrecke möglichst klein zu halten.

Das Eisenbahnkreuzungsgesetz (EKrG) regelt die Rechtsbeziehungen an Kreuzungen zwischen den Beteiligten. Kreuzungen im Sinne des EKrG sind höhengleich (Bahnübergänge) oder nicht höhengleich (Uberführungen). Grundsätzlich sind neue Kreuzungen als Überführungen zu planen. Der Bau von höhengleichen Kreuzungen bedarf der Ausnahmegenehmigung der Aufsichtsbehörde.

In der Praxis werden neue Bahnubergänge nahezu ausschließlich beim Bau von Anschlußbahnen hergestellt. Man ist bemüht, die Bahnubergange im Netz der öffentlichen Bahnen aufzuheben und, soweit erforderlich, durch Uberführungen zu ersetzen.

Bahnübergänge werden nach der jeweiligen Stärke des Kraftfahrzeugverkehrs in drei Kategorien eigeteilt. Bei der Art der Sicherung (Tabelle 32) werden folgende Gesichtspunkte beachtet:

- Art der Bahn (s. Kap. 2) und Zahl der Gleise,

- Entwurfsgeschwindigkeit / zulassige Geschwindigkeit der Bahn,

- Art des kreuzenden Weges und seine Verkehrsstärke,

- ortlichen Gegebenheiten, wie: Sichtverhältnisse und Wegefuhrung im Kreuzungsbereich, Kreuzungswinkel.

Grundsätzlich ist zwischen Bahnübergängen ohne technische Sicherung und solchen mit technischer Sicherung zu unterscheiden.

Art des Weges bzw. Verkehrsstärke gem. §11 EBO	Art der Bahn und Zahl der Gleise		
	Hauptbahnen ($v_e > 80$ km/h)	Nebenbahnen und Nebengleise von Hauptbahnen	
		mehrgleisig	eingleisig
Bahnübergänge...	Art der Sicherung		
mit starkem Verkehr (über 2 500 Kfz / 24 Std)	Technische Sicherung		
mit mäßigem Verkehr (uber 100 bis 2 500 Kfz / 24 Std.)	Technische Sicherung		Übersicht + Pfeifsignale (bei bes. Gen. Pfeifsignale, $v \leq 20$km/h)
mit schwachem Verkehr (bis 100 Kfz/24 Std) (ohne Feld- u. Waldwege)	Technische Sicherung	Übersicht	Übersicht, sonst Pfeifsignale bei $v \leq 20$km/h am BÜ
Feld- und Waldwege mit schwachem Verkehr (bis 100 Kfz/24 Std)	Technische Sicherung	Ubersicht	Übersicht, sonst Pfeifsignale bei $v \leq 60$km/h am BÜ

Nebengleise von Hauptbahnen dürfen wie Bahnubergange uber Nebenbahnen gesichert werden.

Tabelle 32: Sicherung von Bahnübergängen (gem. §11 EBO)

16.1 Bahnübergänge ohne technische Sicherung

Die Sicherung erfolgt durch Übersicht des Verkehrsteilnehmers über den Schienenbereich und/oder hörbare Signale der Schienenfahrzeuge Übersicht auf eine Bahnstrecke ist vorhanden, wenn Wegenutzer bei richtigem Verhalten auf Grund der Sichtverhältnisse die Bahnstrecke derart übersehen können, daß sie bei Anwendung der im Verkehr erforderlichen Sorgfalt den Bahnübergang ungefährdet überqueren oder vor ihm anhalten können.

Damit Verkehrsteilnehmer ihr Verhalten auf den Schienenverkehr abstimmen können, sind Sichtflächen im Kreuzungsbereich freizuhalten. Diese sind derart zu bemessen, daß sowohl "schnelle" als auch "langsame" Straßenverkehrsteilnehmer bei Annäherung eines Schienenfahrzeugs noch vor dem Gefahrenpunkt (Andreaskreuz) abgebremst bzw. den lichten Raum der Schienenbahn noch räumen können. Den Berechnungen der Abmessungen der Sichtdreiecke werden 50 km/h für "schnelle" und 10 km/h - in Gebieten mit extremem Landwirtschaftsverkehr wie Holzabfuhr oder Viehtrieb 5 km/h - für "langsame" Verkehrsteilnehmer angesetzt. Wenn keine ausreichenden Sichtflächen vorhanden sind, ist eine technische Sicherung erforderlich. Die Genehmigungsbehörde kann die Art der Sicherung anordnen.

Die Sichtfläche hat, bei geradem Verlauf der sich kreuzenden Verkehrswege, im Grundriß eine Dreiecksform. Die Katheten liegen in den Achsen der Verkehrswege. Die Annäherungsstrecke des Schienenfahrzeugs, Anhaltewege und Räumstrecken können nach den Regeln der gleichmäßigen bzw.gleichförmig beschleunigten Bewegung berechnet werden.

16.2 Bahnübergänge mit technischer Sicherung

Technische Hilfsmittel ersetzen die Übersicht über den angrenzenden Schienenbereich. Verkehrsteilnehmern wird mittelbar die Annaherung eines Schienenfahrzeugs angezeigt. Dies muß rechtzeitig erfolgen, damit er sein Verhalten entsprechend abstimmen kann. Sicherungsarten (§ 11 EBO) sind:

- Lichtzeichen (Bild 100) oder Blinklichter (Bild 101),
- Lichtzeichen mit Halbschranken (Bild 102)oder
  Blinklichter mit Halbschranken(Bild 103),
- Lichtzeichen mit Schranken,
- Schranken.

Beim Einbau neuer Sicherungsanlagen sollen Blinklichter mit/ohne Halbschranken nicht mehr verwendet werden.

Lichtzeichen und Blinklichter werden nach der bahnseitigen Überwachung unterschieden nach Loküberwachung (Lo-Anlagen) und Fernuberwachung (Fü-Anlagen). Bei Lo-Anlagen, diese sind auf Strecken bis max v = 120 km/h zulässig, steht im Bremswegabstand vor dem Bahnubergang ein Überwachungssignal, welches dem Triebfahrzeugführer anzeigt, ob der Bahnübergang befahren werden darf oder ob davor anzuhalten ist Bei Fü-Anlagen wird der überwachenden Betriebsstelle der Betriebszustand der Bahn-ubergangssicherung angezeigt.

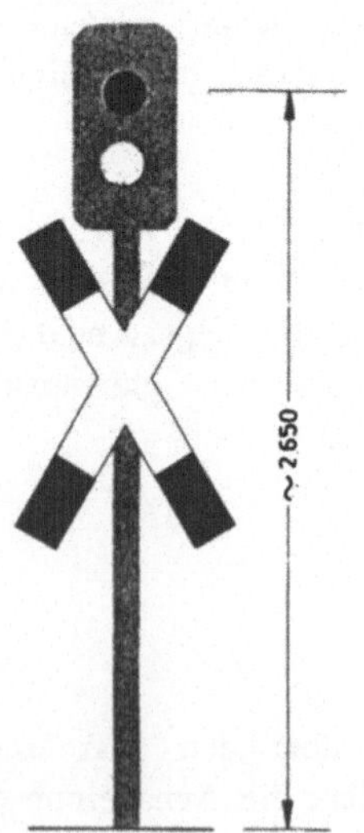

Bild 100: Lichtzeichen

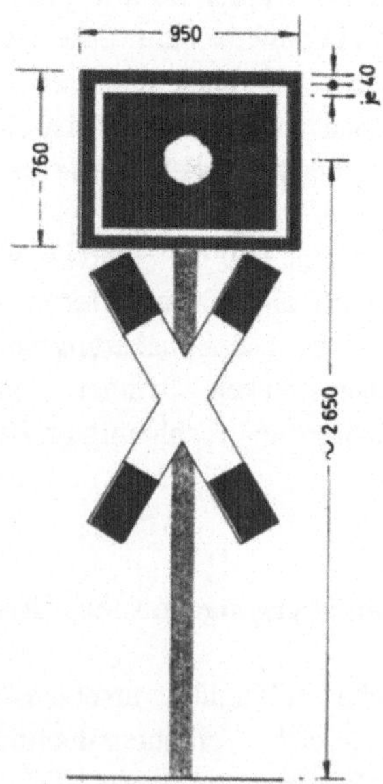

Bild 101: Blinklicht

Bild 102· Lichtzeichen mit Halbschranke

Bild 103: Rotes Blinklicht mit Halbschranke

Halbschranken verwehren in geschlossenem Zustand die Zufahrt in den Gefahrenraum, sie ermöglichen aber das Räumen dieses Bereiches. Schranken verschließen den Gefahrenraum zu beiden Seiten Deshalb müssen Bahnubergange mit Schranken von der Bedienunugsstelle aus mittelbar (z.B. mit Hilfe von Videokameras) oder unmittelbar eingesehen werden können, damit keine Verkehrsteilnehmer eingeschlossen werden. Die Sicht ist nicht erforderlich, wenn das Schließen der Schranken durch eine Lichtzeichenanlage auf den Straßenverkehr abgestimmt werden kann.

Bei Anschlußbahnen sind Blinklicht- oder Lichtzeichenanlagen üblich. Sie werden nach der Art der Überwachung durch das Bahnpersonal und nach der Art der Einschaltung unterschieden:

> *Überwachung:*
> - der Triebfahrzeugführer kann an einem ortsfesten Überwachungssignal erkennen, ob die Anlage fehlerfrei funktioniert. Das Überwachungssignal steht im Bremswegabstand vor dem Bahnubergang.
>
> - die Betriebsbereitschaft und der -zustand der Anlage werden von einer Zentrale fernüberwacht,
>
> - die Anlage wird örtlich handeingeschaltet, der Bediener überwacht die Funktion.
>
> *Einschaltung:*
> - durch das Triebfahrzeug während der Fahrt,
>
> - durch Personal vom Fahrzeug aus während der Fahrt,
>
> - durch Personal örtlich, das Fahrzeug hält aus diesem Grund vor dem Bahnübergang an.

16.3 Bautechnische Ausbildung der Bahnübergänge

Der Straßenbelag wird im Bereich der Schienen und der Spurkranzdurchgänge, den Spurrillen, unterbrochen. Die Elastizıtat des Oberbaus im Bahnübergangsbereich sollte mit der der anschließenden Strecke vergleichbar sein. Die Qualität der Straßenfahrbahn im Kreuzungsbereich wird in der Regel von der Stärke des Straßenverkehrs bestimmt.

Bei Kreuzungen mit Wegen und Straßen mit schwachem Verkehr ist es ausreichend, einen Schwarzdeckenbelag, der aus ca. 10 cm Grobsplitt und 8 cm Asphaltbeton über Schwellenoberkante besteht, einzubringen. Die Dicke der Grobsplıttschicht hangt von der Oberbauform im Bereich des Bahnübergangs ab.

Die Spurrillen werden bei der vorbeschriebenen Bauart durch Formgebung des Asphaltbetons freigehalten. Bei mittlerem Straßenverkehr reicht diese Maßnahme nicht aus. Es sind Beischienen -Bauart Lindau- erforderlich. Als Beischienen werden altbrauchbare Stoffe parallel zu den Fahrschıenen eingebaut.

Bei hoher Belastung des Bahnübergangs werden Stahlbetonfertigteile als Großflächenplatten -System Bodan, Moselland oder Strail - eingebaut. Bei schwerster Beanspruchung können Gleıstragplatten in Ortbeton vorgesehen werden.

17 Signalbilder und Linienzugbeeinflussung

Signale wurden mit Beginn des Eisenbahnbetriebs als Kommunikationsmittel zwischen ortsfesten Betriebsstellen, z.B. Stellwerken, und Triebfahrzeugführern geschaffen. Signale ubermitteln Informationen, die für das Betriebspersonal von Bedeutung sind. Die Signaltechnik hat sich im Laufe der Zeit von mechanisch bedienten Formsignalen über elektrisch bediente Form- und Lichtsignale bis zum elektronisch gesteuerten Zugleitbetrieb gewandelt. Es wird hauptsächlich zwischen Formsignalen und Lichtsignalen unterschieden. Es gibt aber auch manuelle und akustische Signale.

Nach § 38 EBO ist auf zweigleisigen Bahnen rechts zu fahren. Von dieser Regelung darf in Bahnhöfen und bei der Einfuhrung von Streckengleisen in Bahnhöfe, bei Gleiswechselbetrieb, bei Sperrung des rechten Gleises, bei Hilfszügen und bei Nebenfahrzeugen abgewichen werden. Diese Regelung fuhrt dazu, daß Signale grundsätzlich rechts anzuordnen sind, bei Gleiswechselbetrieb kann davon abgewichen werden.

Die Signale fur Eisenbahnen des öffentlichen Verkehrs sind der Eisenbahn - Signalordnung (ESO) aufgeführt. Abweichungen von der ESO können der Bundesminister für Verkehr für bundeseigenen Bahnen und die zuständigen obersten Verkehrsbehörden fur nichtbundeseigene Eisenbahnen zulassen.

Die Signale sind in folgende Gruppen eingeteilt In Klammern ist die jeweilige Abkürzung angegeben.

- Hauptsignale (Hp)
- Vorsignale (Vr)
- Haupt- und Vorsignalverbindungen (Sv)
- Zusatzsignale (Zs)
- Signale für Schiebelokomotiven und Sperrfahrten (Ts)
- Langsamfahrsignale (Lf)
- Schutzsignale (Sh)
- Signale fur den Rangierdienst (Ra)
  (Rangier -, Abdrück - und sonstige Signale)
- Weichensignale (Wn)

    - Signale für das Zugpersonal (Zp)
     (Signale des Triebfahrzeugführers, Bremsprobesignale,
     Abfahrsignale und Rufsignale)
    - Fahrleitungssignale (El)
    - Signale an Zügen (Zg)
    - Signale an einzelnen Fahrzeugen (Fz)
    - Rottenwarnsignale (Ro)
    - Nebensignale (Ne)
    - Signale vor Bahnübergängen (Bu)

Nachfolgend werden Haupt -, Vor - und Rottenwarnsignale erläutert.

17.1 Hauptsignale (Hp)

Hauptsignale zeigen an, ob der anschließende Gleisabschnitt befahren werden darf. In Tabelle 33 sind die Bezeichnungen der Hauptsignale und ihre Bedeutung zusammen gestellt.

Hauptsignale werden als Einfahr -, Ausfahr -, Zwischen - Block- und Deckungssignale von Gefahrenstellen verwendet.

Jedes Signal hat eine Bezeichnung. Diese ist von der Kilometrierung der Strecke abhängig:

Einfahrsignale werden in Richtung der Kilometrierung mit den Buchstaben A, B, C, D oder E, entgegen der Richtung der Kilometrierung mit den Buchstaben G, H, I, K und L bezeichnet.

Ausfahrsignale werden in Richtung der Kilometrierung mit dem Buchstaben N und der Gleisnummer ihres Standortes, entgegen der Kilometrierung mit dem Buchstaben P und der Gleisnummer ihres Standortes bezeichnet.

Blocksignale werden mit arabischen Ziffern versehen.

Signalbezeichnung	Bedeutung
Hp 0 (Bild 104)	Zughalt. Fahrzeuge müssen vor dem Signal anhalten.
Hp 1 (Bild 105)	Fahrt. Fahrzeuge dürfen mit der im Fahrplan angegebenen Geschwindigkeit am Signal vorbeifahren.
Hp 2 (Bild 106)	Langsamfahrt. Das Signal schreibt eine Geschwindigkeitsbegrenzung auf 40 km / h i.d.R. im anschließenden Weichenbereich vor, sofern nicht eine abweichende Geschwindigkeit in Fahrplänen oder durch einen Geschwindigkeitsanzeiger am Signal angegeben ist.

Tabelle 33: Bezeichnung und Bedeutung der Hauptsignale

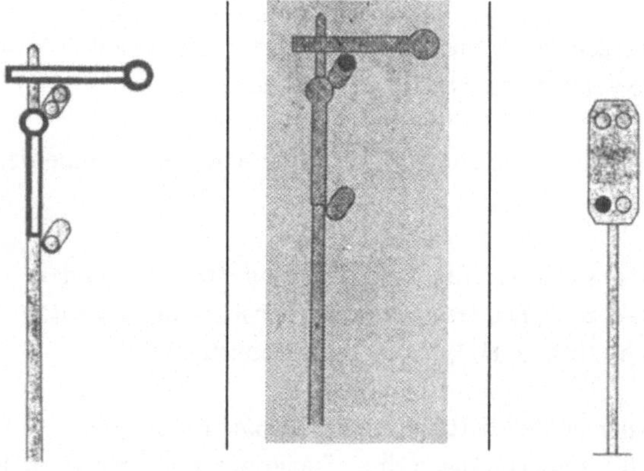

Bild 104:   Signal Hp 0
(v.l.n.r.: Formsignal als Tages -, Nachtzeichen, Lichtsignal)

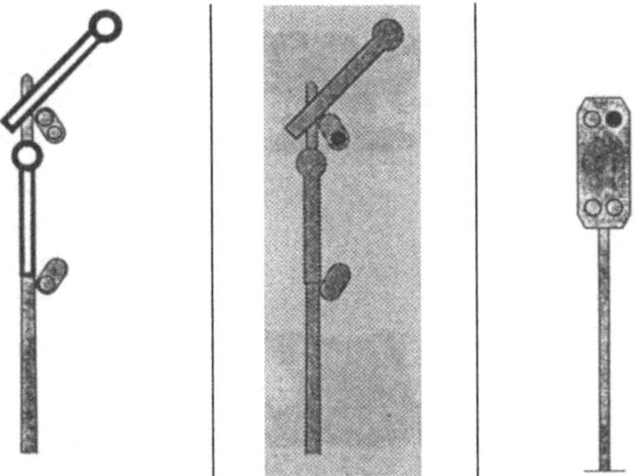

Bild 105: Signal Hp 1
(v.l.n.r.: Formsignal als Tages -, Nachtzeichen, Lichtsignal)

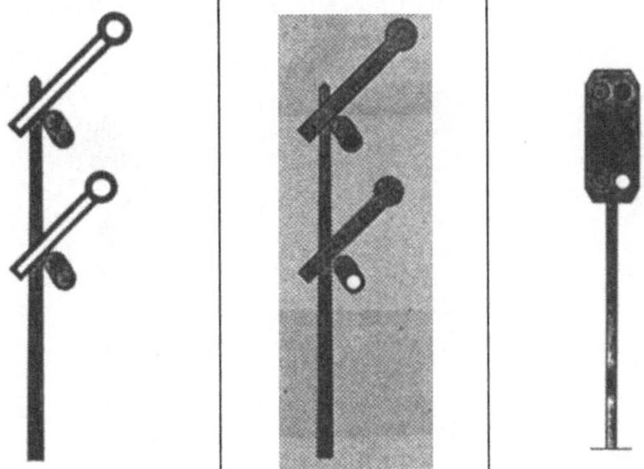

Bild 106: Signal Hp 2
(v.l.n.r.: Formsignal als Tages -, Nachtzeichen, Lichtsignal)

17.2 Vorsignale (Vr)

Vorsignale zeigen an, welches Signalbild am zugehörigen Hauptsignal zu erwarten ist. In Tabelle 34 sind die Bezeichnungen der Vorsignale und ihre Bedeutung zusammen gestellt. Vorsignale stehen im Bremswegabstand vor den zugehörigen Hauptsignalen. Der Abstand beträgt auf Nebenbahnen 700 oder 400 m, auf Hauptbahnen 1 000 m oder 700 m. Dies bedeutet, daß auf Hauptbahnen bei der hier beschriebenen Haupt-/Vorsignalisierung nur eine Höchstgeschwindigkeit von 160 km / h möglich ist. Bei höheren Geschwindigkeiten muß eine Linienzugbeeinflussug (LZB) installiert sein, die eine "elektronische Sicht" über 5 000 m ermöglicht.

Signalbezeichnung	Bedeutung
Vr 0 (Bild 107)	Zughalt erwarten.
Vr 1 (Bild 108)	Fahrt erwarten.
Vr 2 (Bild 109)	Langsamfahrt erwarten.

Tabelle 34: Bezeichnung und Bedeutung der Vorsignale

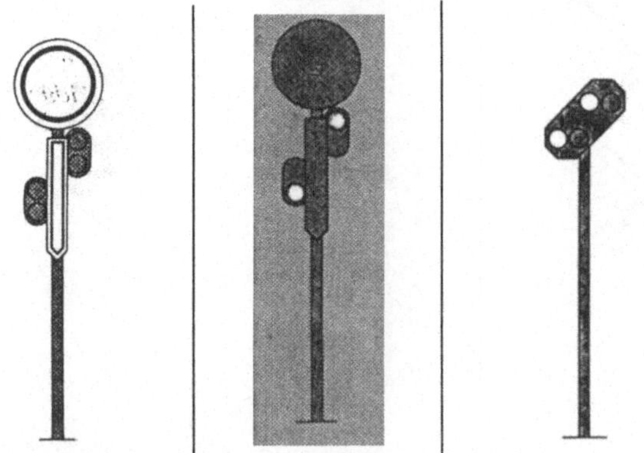

Bild 107. Vorsignale Vr 0
(v.l.n.r.: Formsignal als Tages -, Nachtzeichen, Lichtsignal)

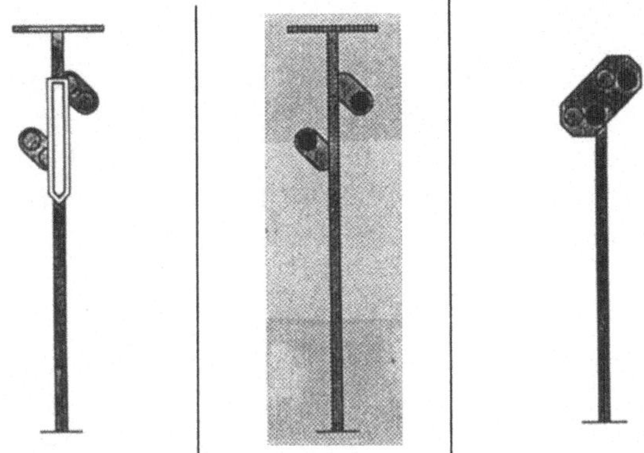

Bild 108. Vorsignale Vr 1
(v.l.n.r.: Formsignal als Tages -, Nachtzeichen, Lichtsignal)

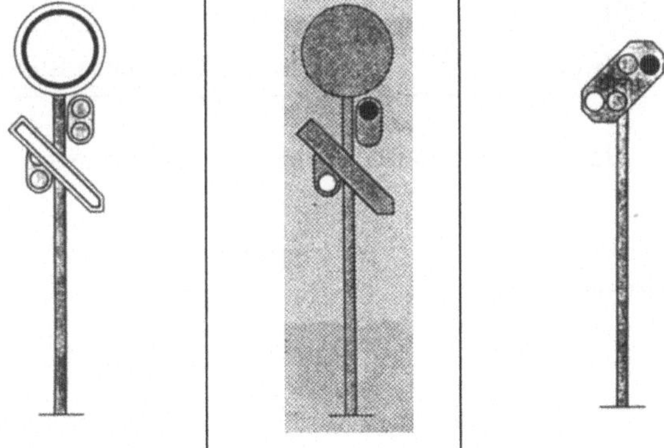

Bild 109: Vorsignale Vr 2
(v.l n r.: Formsignal als Tages -, Nachtzeichen, Lichtsignal)

17.3 Rottenwarnsignale

Rottenwarnsignale geben den im Gleis oder in dessen Gefahrenbereich beschäftigten Personen Hinweise über die Annäherung von Fahrzeugen. Baustellen im Gleisbereich werden in der Regel "unter Betrieb" abgewickelt, das bedeutet, daß der Bahnbetrieb wegen der Baumaßnahme in der Regel nicht unterbrochen wird, wohl aber der Baubetrieb bei Fahrzeugbewegungen. In vielen Fällen kann der Betrieb bei zweigleisigen Strecken auf ein Gleis verlagert werden. Dann wird das Baugleis gesperrt. Auch in diesem Fall müssen Personen im Bereich der Baustelle vor Fahrzeugen im Betriebsgleis gewarnt werden.

In Tabelle 35 sind die Bezeichnungen der Rottenwarnsignale und ihre Bedeutung zusammen gestellt. Die Signale werden mit Mehrklanghörnern gegeben.

Signalbezeichnung	Bedeutung
Ro 1 (Bild 110)	Vorsicht! Im Nachbargleis nähern sich Fahrzeuge.
Ro 2 (Bild 111)	Arbeitsgleis räumen
Ro 3 (Bild 112)	Arbeitsgleis schnellstens räumen

Tabelle 35: Bezeichnung und Bedeutung der Rottenwarnsignale

Bild 110: Signal Ro 1

Bild 111: Signal Ro 2

Bild 112: Signal Ro 3

17.4 Linienzugbeeinflussung

Linienzugbeeinflussung (LZB) ist ein technisches System, mit dem die Zugfahrten durch lückenlose Überwachung der Geschwindigkeit gesichert und mit Hilfe einer Anzeige im Führerraum des Triebfahrzeugs gegeführt werden. Bei Schnellfahrten auf LZB - Strecken hat die Fuhrerraumanzeige Vorrang vor den Signalen am Fahrweg und dem Fahrplan.

Fahrzeuge können elektronisch, also mittels Rechner, geführt werden, wenn die Streckendaten und der aktuelle Streckenzustand sowie Zugdaten bekannt sind.

Kernstück des Systems sind Streckenzentralen mit Rechnerausstattung. Diese Zentralen sind mit den Stellwerken und der Betriebssteuerzentrale verbunden. Der Datentausch mit den Fahrzeugen erfolgt induktiv über Linienleiterschleifen. In den Fahrzeugen sind ebenfalls Rechner installiert, die im Zusammenspiel mit der jeweiligen Streckenzentrale die Führungsgrößen Sollgeschwindigkeit, aktuelle Zielentfernung (dies kann ein Halt in einem Bahnhof, eine Langsamfahrstelle bei einer Baustelle oder ein Betriebshindernis sein) und Zielgeschwindigkeit auf einem modularen Führertisch - Anzeigegerät ausgeben. Nach diesen Vorgaben führt der Triebfahrzeugführer oder eine automatische Fahr- und Bremssteuerung (AFB) den Zug. Bei vorhandener AFB ist eine "vollautomatische" Betriebsführung moglich.

18 Verkehrslärm

Schallwellen werden durch Erschutterung der Luft hervorgerufen. Sie äußern sich durch Verdichtungen und Verdunnungen der Luft und können physikalisch als elastische Wellen in deformierbaren Medien bezeichnet werden. Diese Wellen haben Energie. Das Verhältnis der auf eine Fläche einfallenden Schallenergie zur Größe der Fläche und der Beschallungszeit nennt man Schallintensität I. Diese Größe kann gemessen oder berechnet werden. Die Schallintensität der Hörschwelle des Menschen wird mit I_O bezeichnet. Die subjektive Empfindung im Gehör entspricht dem Logarithmus der objektiven Schallintensität (Weber-Fechnersches Gesetz). Dies wird als Schallpegel bezeichnet:

$$L_X = 10 \cdot \lg (l_X : l_O) \ [dB].$$

$$[dB] = \text{Dezibel.}$$

Es gibt verschiedene Schallpegel. Der A - Schallpegel ist frequenzbewertet. Dabei wird berücksichtigt, daß niedere Frequenzen bei gleicher Intensität subjektiv als weniger störend empfunden werden. Für den A - Schallpegel lautet die Bezeichnung [dB(A)].

Beim Betrieb von Verkehrssystemen wird Schall emittiert. Dieser wird am Immissionsort als Verkehrslärm empfunden Um die von der Verkehrswege-planung betroffene Nachbarschaft vor schadlichen Umwelteinflüssen durch Verkehrsgeräusche zu schützen, sind beim Bau oder bei wesentlichen Anderungen von Verkehrswegen Grenzwerte der Schallimmission einzuhalten. Diese sind in der Verkehrslärmschutzverordnung (16. BImSchV. vom 12.06.1990) festgelegt. Diese wurde auf der Grundlage des Bundesimmissionsschutzgesetzes (BImSchG) erlassen. Sie gilt für den Bau oder die wesentliche Änderung von öffentlichen Straßen und von Schienenwegen der Bahnen und Straßenbahnen. Sie gilt nicht fur bestehende Verkehrswege.

Eine wesentliche Änderung liegt vor, wenn
  - ein Schienenweg um ein oder mehrere durchgehende Gleise baulich erweitert wird,

- durch einen erheblichen baulichen Eingriff der Beurteilungspegel des von dem zu ändernden Verkehrsweg ausgehenden Verkehrslärms um mindestens 3 dB(A) oder auf mindestens 70 dB(A) am Tage oder mindestens 60 dB(A) in der Nacht erhoht wird.

Ob ein Verkehrslärm zulässig ist, wird anhand eines Beurteilungpegels ermittelt. Dieser darf die Grenzwerte der Tabelle 36 nicht uberschreiten.

Anlagen und Gebiete (gemäß Bebauungsplan)	Immissionsgrenzwert Dezibel(A)	
	Tag 6-22 Uhr	Nacht 22-6 Uhr
Krankenhäuser, Schulen Kur-, Altenheime	57	47
Reine u. allg. Wohngeb., Kleinsiedlungsgebiete	64	54
Kerngebiete, Dorfgebiete, Mischgeboete	64	54
Gewerbegebiete	69	59

Tabelle 36: Immissionsgrenzwerte nach 16 BImSchV.

Der *Beurteilungspegel* ist eine rechnerische Größe, welche die Immissionen kennzeichnet. Der Berechnung liegen relevante Emissionspegel, Pegeldifferenzen auf den jeweiligen Ausbreitungswegen und ein Korrekturwert für die geringere Störwirkung des Schienenverkehrslärms im Vergleich zum Straßenverkehrslärm zugrunde

Als *Emissionspegel* wird der Mittelungspegel in 25 m Abstand von der Achse des betrachteten Gleises in Höhe von 3,50 m uber Schienenoberkante bei freier Schallausbreitung bezeichnet.

Der *Mittelungspegel* dient der Kennzeichnung der Stärke von Geräuschen mit zeitlichen Schwankungen, z.B. der Vorbeifahrt eines Zuges. In den Wert des Mittelungspegels gehen Stärke und Dauer eines jeden Schallereignisses während des Mittelungszeitraumes ein. Er entspricht dem A - Schallpegel eines *Ersatzdauergeräusches* mit vergleichbarer Störwirkung.

Es gibt viele Parameter, die Einfluß auf die Schallpegel haben. Soweit möglich werden sie durch Korrekturwerte (dB(A)) erfaßt.
Es sind dies:

> - Fahrzeugarten
> - Bremsbauarten
> - Zuglängen und Zugzahlen
> - Zuggeschwindigkeiten
> - Oberbauart und Zustand
> - Brücken
> - Bahnübergänge
> - Linienführung

Der Beurteilungspegel für lange gerade Gleise, die auf ihrer gesamten Länge konstante Emissionen und unveränderte Ausbreitungsbedingungen aufweisen, wird in der 16. BImSchV. beschrieben (s. auch Wendehorst, Bautechnische Zahlentafeln, Teubner Verlag, Stuttgart). Falls eine dieser Voraussetzungen nicht zutrifft, muß das Gleis in einzelne Abschnitte unterteilt werden, deren einzelne Beurteilungspegel zu bestimmen sind. Dieser Rechnungsweg ist in der "Richtlinie zur Berechnung der Schallimmissionen von Schienenwegen - Ausgabe 1990 - Schall 03" der DB enthalten. Dort werden auch Einflüsse auf dem Ausbreitungsweg des Schalls, also Schallschutzwände, bewegte Topographie und Gehölze berücksichtigt und mit Beispielen erläutert.

Sachverzeichnis

Schrifttum

Derlin, K. u.a.· Oberbauschweißen,
Eisenbahn - Fachverlag, Heidelberg 1980

Dernbach, L.: Taschenbuch der Eisenbahngesetze, Darmstadt 1989

Fiedler, J . Grundlagen der Bahntechnik, Düsseldorf 1991

Müller, G.· Ingenieurgeodäsie, Eisenbahnbau, Berlin 1984

Morgenschweiß, 0. u.a. . Bauarten des Oberbaues,
Eisenbahn - Fachverlag, Heidelberg 1979

Verordnungen,Vorschriften und Richtlinien:

Eisenbahn - Bau- und Betriebsordnung (EBO)
mit dritter Anderungsverordnung vom 17.05 1991

Eisenbahn - Signalordnung (ESO)

Eisenbahn - Bau- und Betriebsordnung für Anschlußbahnen (EBOA)

Sechzehnte Verordnung zur Durchführung des Bundes -
Immissionsschutzgesetzes (Verkehrslarmschutzverordnung - 16. BImSchV)
vom 12.06.1990

Verordnung über den Bau und Betrieb der Straßenbahnen(BO Strab)

DS 800: Vorschrift für das Entwerfen von Bahnanlagen
DS 820 :Oberbauvorschrift für Regelspurbahnen
DS 836. Vorschrift für Erdbauwerke

Oberbau - Richtlinien für nichtbundeseigene Eisenbahnen